引大济湟调水工程生态环境影响研究

闫　莉　肖翔群　赵银亮　徐晓琳　著

黄河水利出版社
·郑州·

内容提要

引大济湟工程是青海省重大水资源优化配置工程，对湟水干流地区的社会经济可持续发展具有重大意义，但工程位于青藏高原东北部，所处区域生态环境敏感脆弱，工程建设和运行将对调水区和受水区生态环境产生不利影响。本书详细调查评价了工程调水区大通河、受水区湟水河以及输水线路陆生生态、水生生态状况，就工程建设和运行对调水区、受水区可能造成的生态环境影响展开了深入预测研究，重点分析论证了工程调水方案的环境合理性和可行性，并据此提出了减缓工程建设对调水区、受水区生态环境影响的对策措施。

本书可供水利部门、环境保护部门从事生态环境影响研究的专业技术人员、环境管理和水资源管理人员，以及环境科学相关专业的大专院校师生阅读参考。

图书在版编目(CIP)数据

引大济湟调水工程生态环境影响研究/闫莉等著. —郑州：黄河水利出版社，2010.10

ISBN 978-7-80734-634-0

Ⅰ.①引… Ⅱ.①闫… Ⅲ.①跨流域引水-水利工程-水环境:生态环境-环境影响-研究-青海省 Ⅳ.①X143

中国版本图书馆 CIP 数据核字(2010)第 023173 号

组稿编辑:王琦　电话:0371-66028027　E-mail:wq3563@163.com

出 版 社:黄河水利出版社

地址:河南省郑州市顺河路黄委会综合楼 14 层　邮政编码:450003

发行单位:黄河水利出版社

发行部电话:0371-66026940、66020550、66028024、66022620(传真)

E-mail:hhslcbs@126.com

承印单位:黄河水利委员会印刷厂

开本:787 mm×1 092 mm　1/16

印张:10.75

字数:250 千字　印数:1—1 000

版次:2010 年 10 月第 1 版　印次:2010 年 10 月第 1 次印刷

定价:29.00 元

前　言

大通河是我国西北地区水资源量相对较丰的一条河流，其上中游气候较湿润、水量丰沛，河流水质良好，是青海东部和甘肃中西部宝贵的水资源。大通河水资源开发特点不同于其他河流，其上中游地处青藏高原，开发程度较低，因此其水资源开发利用以外调为主。目前流域周边已提出了5项调水工程，其中，青海省为解决湟水干流地区的城镇生产生活用水短缺问题，规划从大通河上游调水到湟水干流，即引大济湟调水工程。实施引大济湟工程，将对缓解湟水干流区域日趋严重的水资源供需矛盾，促进湟水流域经济社会可持续发展具有十分重要的意义。

引大济湟工程是青海省重大水资源优化配置工程，有利于对湟水干流地区的社会经济发展，但工程所处区域生态环境敏感脆弱，工程建设和运行将对调水区及受水区生态环境产生一定不利影响，尤其是引水枢纽对大通河水生生物的阻隔作用、调水后的水量减少对大通河生态环境的影响，以及调水实施后受水区用水、排水量的增加对北川河、湟水干流的水环境质量的影响等。

本书根据引大济湟工程方案以及区域生态环境状况，对引大济湟工程建设的环境影响尤其是生态方面的影响开展分析、预测和研究工作，提出避免、减缓生态环境影响的工程和非工程措施，旨在做到开发与保护并重，正确处理工程建设与流域的生态环境稳定、河流水环境承载能力的关系。

全书共分为8章。第1章简要介绍了引大济湟工程的规划背景情况、工程设计方案以及工程所处区域的环境概况。第2章回顾了国内外调水工程的建设与发展状况，对调水工程的生态环境影响研究现状以及常用评价的方法进行了综述。第3章采用现场调查监测、遥感影像解译、资料分析等方法，对工程所处区域的环境现状进行了调查和分析。第4章确定研究范围，对工程的环境影响进行了初步分析、生态环境保护目标识别，明晰研究内容、研究思路，把确定合理的调水方案，研究工程建设、运行期间的生态环境影响、水环境影响，减免环境影响的工程及非工程措施等明确为本次研究的重点。第5章分析了工程施工对生态环境的影响并提出避免和减缓不良影响的环境保护措施。第6章分别以工程可行性研究和水资源论证两调水方案为条件，研究工程引水对调水河流大通河水文情势的影响，河流水量减少对代表断面生态流量的影响，对工程下游河流水生生态环境、陆生生态环境、水环境、下游用水户的影响，并研究提出生态电站与泄洪冲沙闸联合运用的生态流量保证措施，以及修建过鱼道、人工增殖放流站等鱼类保护措施。第7章研究工程运行对受水区生态环境、水环境的影响，重点针对水环境影响提出减缓措施。第8章对研究成果进行了总结，并为改善和保护工程建设区、调水区、受水区自然生态系统提出若干建议。

在本书的编写过程中，黄锦辉教授、张建军主任给予了悉心的指导和帮助，课题组成员杨玉霞、马秀梅、郝岩彬、王新功、张军锋等也付出了辛勤的劳动，在此表示最诚挚的感谢！

调水工程的生态环境影响非常复杂，且具有长期性、累积性的特点，由于时间及研究水平有限，难免存在一些不足和错误之处，敬请专家、领导以及各界人士批评指正。

作　者

2010年8月

目　录

第 1 章　工程概况及区域环境概况

1.1　项目背景

湟水是黄河上游一级支流，大通河是湟水流域的最大支流。湟水干流地区人口密集，开发程度和经济社会发展水平较高，是青海省政治、经济和文化中心，但区内水资源量有限，且不具备建设大型水库调蓄工程的地形条件，水资源短缺问题制约了该地区的进一步发展和生态环境的改善。而仅与湟水干流地区一山（大坂山）之隔的大通河上游地区水量相对丰沛，现阶段用水需求较少，为解决湟水干流地区的城镇生产生活用水短缺问题，从大通河上游调水到湟水干流，即引大济湟调水工程。实施引大济湟工程，将对缓解湟水干流区域日趋严重的水资源供需矛盾，促进湟水流域经济社会可持续发展具有十分重要的意义。

1996 年 3 月水利部审查通过了《大通河水资源利用规划》。该规划在统筹兼顾、合理安排，认真考虑青海、甘肃两省对大通河水资源利用的意见，并照顾两省历史协议、在满足大通河流域工农业等发展用水和环境用水的情况下，2020 年前规划了引大入秦工程、引大济湟工程和引大济西三项调水工程。1998 年 11 月 30 日，水利部根据《大通河水资源利用规划报告》，以水资文[1998]518 号正式印发了《大通河水量分配方案》，明确"同意青海省引大济湟工程，引用大通河水量规模为 7.5 亿 m^3，甘肃省引大济西工程，引用大通河水量规模为 2.5 亿 m^3，引大入秦 4.43 亿 m^3（以上均为多年平均分配水量）"。

2003 年 9 月水利部以[2003]416 号文批复了《青海省引大济湟工程规划》，同意引大济湟工程多年平均调引大通河水量最终规模为 7.5 亿 m^3，同意引大济湟工程分三期建设，一期工程为黑泉水库和湟水北干渠一期工程；二期工程为调水总干渠及湟水北干渠二期和石头峡水库工程，其中调水总干渠可先立项建设，北干渠二期工程和石头峡水库工程的建设时机应根据受水区国民经济发展对水资源的需求和青海省黄河水量利用情况确定；三期工程为西干渠工程。

2009 年 6 月，水利部黄河水利委员会以黄水调[2009]18 号文给出《关于青海省引大济黄调水总干渠工程水资源论证报告书的批复》，明确该工程多年平均调水量控制在 2.56 亿 m^3（含生态用水 0.31 亿 m^3）之内。

1.2　工程概况

1.2.1　工程位置

引大济湟调水总干渠工程位于青海省东北部，地跨海北藏族自治州门源县、西宁市大通县两县，主要由引水枢纽和引水隧洞两部分组成，引水枢纽位于大通河峡谷出口的门源县青石嘴镇上铁迈村附近，距下游宁张公路青石嘴大桥约5 km。引水隧洞进口在大通河右岸引水枢纽上游20 m处，隧洞出口位于大通县宝库河纳拉村附近，湟水一级支流北川河上游宝库河上，引水线路全长24.710 km。

1.2.2 工程任务及水量配置方案

工程主要建设任务是从大通河引水穿越大坂山入湟水干流地区，经黑泉水库调节后向西宁市和北川工业区的生活、工业供水，并结合向河道基流补水，兼顾发电。

供水范围为西宁市、北川工业区及湟水干流西宁市以下河段。

供水对象为西宁市、北川工业区的城市生活、工业用水和黑泉水库以下河道内的生态环境用水。

调水后受水区生活及工业用水保证率为95%，城市环境用水保证率为75%，河道内生态环境低限用水保证率为90%。

调水后水量配置方案见表1-1。

表1-1 引大济湟调水总干渠调水配置方案 （单位：亿 m^3）

水平年	毛调水量	净调水量	受水区		
			北川工业区	西宁市	北川河基流
2015	1.60	1.48	0.95	0.22	0.31
2020	1.89	1.76	1.02	0.43	0.31
2030	2.56	2.40	1.17	0.95	0.28

1.2.3 工程调水方案

2006年为现状水平年，2015年为近期水平年，2020年为设计水平年，2030年为远期水平年。

工程受水区2015年、2020年和2030年可供水量分别为3.08亿 m^3、3.11亿 m^3 和3.12亿 m^3，在加大节水力度、污水再生利用、挖掘当地水资源利用潜力等条件下，受水区2015年、2020年和2030年需水量分别为4.26亿 m^3、4.64亿 m^3 和5.41亿 m^3，即在落实“三先三后”原则后，2015年、2020年和2030年受水区仍分别缺水1.18亿 m^3、1.53亿 m^3 和2.29亿 m^3。工程考虑输水损失以及黑泉水库的调蓄能力，《青海省引大济湟调水总干渠工程水资源论证报告书》提出2015年、2020年和2030年工程毛调水量分别为1.85亿 m^3、2.10亿 m^3 和2.56亿 m^3。工程设计引水流量35 m^3/s。

大通河尕大滩断面为引水枢纽坝址代表断面，该断面多年平均水资源量15亿 m^3，75%和90%来水频率典型年来水量分别为13.12亿 m^3 和11.64亿 m^3，工程可行性研究调水过程见表1-2，工程水资源论证确定的调水方案见表1-3。

表 1-2　引大济湟调水总干渠工程调水方案(可行性研究成果)　(单位:m^3/s)

月份	多年平均			75%典型年			90%典型年		
	2015 年	2020 年	2030 年	2015 年	2020 年	2030 年	2015 年	2020 年	2030 年
4	9.12	10.63	15.19	5.14	9.71	17.50	15.12	16.06	18.00
5	7.27	8.23	10.71	5.14	6.34	8.88	12.55	13.50	15.99
6	5.47	6.66	9.13	5.14	6.34	8.88	7.46	8.44	10.96
7	5.12	6.28	8.76	5.14	6.34	8.88	5.14	6.34	8.88
8	4.77	5.97	8.84	5.14	6.34	22.56	5.14	6.34	8.88
9	5.64	7.88	16.68	5.14	13.39	31.15	5.14	11.09	30.42
10	15.34	18.27	19.28	21.02	21.20	21.20	21.62	24.10	24.10
11	8.14	7.98	8.78	9.80	9.80	9.80	9.20	9.20	9.20
平均	5.07	5.99	8.11	7.71	9.93	16.11	10.17	11.88	15.80
年调水量(亿 m^3)	1.60	1.89	2.56	2.43	3.13	5.08	3.21	3.75	4.98

表 1-3　引大济湟调水总干渠工程调水方案(水资源论证成果)　(单位:m^3/s)

月份	2015 年			2020 年			2030 年		
	多年平均	$P=75\%$	$P=90\%$	多年平均	$P=75\%$	$P=90\%$	多年平均	$P=75\%$	$P=90\%$
4	14.14	13.62	6.66	14.14	13.62	6.66	14.14	13.62	6.66
5	18.59	21.04	4.82	19.33	21.04	4.82	19.66	21.04	4.82
6	17.01	25.65	14.97	19.26	31.04	14.97	22.88	31.04	14.97
7	8.49	0.17	30.79	12.04	8.31	30.79	18.43	17.81	30.79
8	3.67	0	11.76	4.76	0.62	20.49	8.46	2.84	31.45
9	0.54	0	0	0.77	0	0	1.63	1.93	0.52
10	4.39	6.07	6.34	5.17	6.07	7.45	6.8	6.07	8.65
11	3.65	5.77	4.56	4.42	5.77	4.56	5.63	5.77	4.56
年调水量(亿 m^3)	1.85	1.90	2.10	2.10	2.27	2.36	2.56	2.63	2.69

1.2.4　工程调度运用原则

1.2.4.1　引水枢纽调度运用原则

调水总干渠在 12 月、1 月、2 月、3 月大通河封冻期不引水,引水时段为 4 ~ 11 月。在 11 月中下旬和 4 月上中旬的封河及开河的过渡期,视冰情及大通河来水情况机动掌握引水时机。

引水枢纽为壅高水位保证引水隧洞引水的低水头径流式枢纽,水库无调蓄能力,引水枢纽溢流坝高程 2 959.8 m,最大坝高 5.8 m,设计引水位 2 959.8 m,库容 143 万 m^3,回水末端距坝址 1.4 km。在引水时段,当溢流坝上水位不低于 2 959.8 m 的正常蓄水位时,引水隧洞引水;当溢流坝上水位低于 2 959.8 m 时,逐步关闭引水隧洞,尽量使溢流坝水位不低于正常蓄水位。当溢流坝上水位达 2 960.35 m，且有上涨趋势时，开启泄洪冲沙闸；否则，由溢流坝泄水。

每年 12 月、1 月、2 月、3 月非引水时段及引水时段来大洪水时，引水枢纽五孔泄洪冲沙闸闸门全开，河道来水全部下泄。

1.2.4.2 生态水量的泄放原则

黄水调[2009]18 号文“原则同意在南水北调西线工程生效前工程多年平均调水量控制在 2.56 亿 m^3 之内”。“要统筹生活、生产、生态用水，进一步优化调度过程。在大通河冰期 12 月至翌年 3 月期间，该工程不取水；在 4 月、11 月，该工程大通河取水口断面来水瞬时流量低于 10 m^3/s 时不取水；在 5～10 月期间，该工程大通河取水口断面来水瞬时流量低于 20 m^3/s 时不取水”。“依照国务院《黄河水量调度条例》等有关规定，该工程生产运行应服从黄河水量统一调度”。

工程利用转桨式机组为主，结合过鱼道和泄洪冲沙闸泄放生态水量。当坝址断面 11 月、4 月天然来水流量大于 10.0 m^3/s 时，生态流量按照适宜生态基流 10.0 m^3/s 控制，在天然来水不足 10.0 m^3/s 时，停止取水，来水全部下泄，若来水流量低于最低发电流量 7.2 m^3/s 时，机组停止发电，泄洪冲沙闸全开，恢复河道天然流量状态；5～10 月，生态流量按照适宜生态基流 20.1 m^3/s 控制，天然来水不足 20.1 m^3/s 时，停止取水，将天然来水全部下泄。

1.2.4.3 黑泉水库调度运用原则

黑泉水库是引大济湟的一期工程，位于宝库河上，距西宁 75 km，为大(Ⅱ)型水利枢纽工程，1956～2000 年系列多年平均径流量 3.07 亿 m^3，总库容 1.82 亿 m^3，兴利库容 1.32 亿 m^3，死库容 0.17 亿 m^3。引大济湟调水前，黑泉水库的工程任务是调节本流域水量，以城市生活、工业供水、农业灌溉为主，兼顾防洪、发电。调水总干渠工程建成后，作为工程的调节水库，黑泉水库原有供水任务不变，同时对调过来的水量进行调节，为年调节水库。

引大济湟调水前，黑泉水库的任务是调节宝库河流域自身来水，以城市生活、工业供水、农业灌溉为主，兼顾防洪、发电。调水总干渠工程实施后，黑泉水库优先保证原供水任务，同时对调过来的水量进行调节，分别供给北川工业区、西宁市工业和生活、北川河基流，供给北川工业区、西宁市工业和生活的水量由黑泉水库经管道直接进入第七水厂，供给北川河基流的水量通过黑泉水库三级电站发电后泄放。

调水总干渠工程运行后，每年 11 月将黑泉水库蓄满，以满足冰冻期非引水时段受水区的用水要求，一般 3 月底降至死水位，4～6 月和 11 月尽可能多调水，以满足受水区的需水要求。当黑泉水库发生弃水时，调水总干渠不调水。

1.2.5 工程组成及主要建筑物

工程主要由引水枢纽和引水隧洞组成。引水枢纽建筑物包括 3 孔泄洪冲沙闸、溢流坝、土石坝、过鱼道、生态发电机组，引水枢纽下游右岸业主营地内建设鱼类增殖站。引水隧洞建筑物包括进水闸、洞身、施工支洞、通风竖井、隧洞出口明渠。工程主要建筑物组成见表 1-4。

表 1-4　调水总干渠工程主要建筑物组成

工程项目		建筑物	相关情况
主体工程	引水枢纽	泄洪冲沙闸	布置在右岸,共设 3 孔
		溢流坝	布置在引水枢纽中部,长 88 m,最大坝高 5.8 m
		土石坝	布置在左岸,长 507.6 m,最大坝高 9.5 m
		过鱼道	布置在右岸,横隔板式,过鱼水位落差 6.6 m,有效长度 421 m
		生态发电机组	靠冲沙闸左岸布置,共 2 台,单机容量 1 500 kW
	引水隧洞	隧洞进口引水闸	布置在引水枢纽上游 20 m 右岸山坡,闸底高程高于泄洪冲沙闸 3.1 m,该段长 60 m
		施工支洞	距隧洞进口 1.6 km,支洞与引水隧洞呈正交方向,作为引水隧洞开挖时的施工通道
		洞身	引水路线全长 24.710 km,隧洞洞身 24.165 km,为直径 5 m 的圆形隧洞,采用 TBM 机掘进
		通风竖井	距隧洞出口约 14 km 处,直径 3 m,深 323 m,作为引水隧洞施工时通风通道
		隧洞出口明渠	出口高程 2 944 m,明渠长 545 m,断面底宽 5.0 m

1.2.6　工程淹没、占地及移民安置规划

1.2.6.1　工程淹没范围

引大济湟调水总干渠工程引水枢纽淹没影响涉及门源县青石嘴镇上吊沟村,回水末端距坝址约 1.4 km 处。工程淹没不涉及基本农田,符合供地政策和当地土地利用总体规划。

截至 2008 年 7 月,引大济湟调水总干渠工程引水枢纽主要淹没引水枢纽淹没影响门源县青石嘴镇上吊沟村土地总面积 1 133.81 亩❶,其中旱地 692.87 亩,灌木林地 51.76 亩,天然牧草地 9.15 亩,公路用地 14.47 亩,河流水面 184.32 亩,内陆滩涂 181.24 亩。淹没涉及库周交通的 2 条乡村四级公路,分别位于水库的左右岸。左岸为上吊沟村通往青石嘴镇的交通道,路面宽 4.5 m,淹没长度 673 m;右岸为尕大滩村通往扁大公路的交通道,路面宽 4.5 m,淹没长度 1 256 m。

1.2.6.2　工程占地范围

引水枢纽坝区及引水隧洞进口、支洞施工区涉及门源县青石嘴镇上铁迈村和上吊沟

❶ 1 亩 = 1/15 hm^2。

村,引水隧洞出口位于大通县宝库乡俄博图村。工程用地分永久征地和临时用地,均不涉及基本农田。详见表 1-5 和表 1-6。

表 1-5　工程永久征地汇总　（单位:亩）

序号	项目	合计	旱地	灌木林地	天然牧草地	河流水面	内陆滩涂	裸地
一	引水枢纽、隧洞进口及支洞施工区	371.25	221.12	40.85		33.08	19.06	57.14
(一)	门源县	371.25	221.12	40.85		33.08	19.06	57.14
1	青石嘴镇	371.25	221.12	40.85		33.08	19.06	57.14
(1)	上吊沟村	207.00	99.62	40.85		33.08	19.06	14.39
(2)	上铁迈村	164.25	121.50					42.75
二	隧洞出口施工区	247.50	74.85		172.65			
(一)	大通县(宝库乡俄博图村)	247.50	74.85		172.65			
	合计	618.75	295.97	40.85	172.65	33.08	19.06	57.14

表 1-6　工程临时用地汇总　（单位:亩）

序号	项目	合计	旱地	天然牧草地	裸地
一	引水枢纽、隧洞进口及支洞施工区	560.10	545.10		15.00
(一)	门源县	560.10	545.10		15.00
1	青石嘴镇	560.10	545.10		15.00
(1)	上吊沟村	129.00	129.00		
(2)	上铁迈村	431.10	416.10		15.00
二	隧洞出口施工区	426.00	280.50	37.50	108.00
(一)	大通县(宝库乡俄博图村)	426.00	280.50	37.50	108.00
	合计	986.10	825.60	37.50	123.00

1.2.6.3　移民生产安置

上铁迈引水枢纽淹没区生产安置人口总数为 304 人,工程各施工区生产安置人口总数 119 人,没有移民拆迁问题。生产安置方式以本村或邻村调整耕地和调整种植结构安置为主,发展畜牧业安置为辅。

1.3　区域环境概况

1.3.1　大通河流域环境概况

1.3.1.1　地理位置

大通河是湟水最大的一级支流,位于北纬 36°30′~38°25′、东经 98°30′~103°15′,呈一狭长带状,发源于青海省天峻县境内托莱南山岗格尔肖合力(海拔 5 174 m)东麓,与湟水平行，仅一山之隔，其流域面积为15 130 km^2，行政区划上分别隶属于青海省的天峻、祁连、刚察、海晏、门源、互助、乐都、民和八个县和甘肃的天祝、永登二县及兰州市的红古区，于青海省民和县享堂镇附近注入湟水。

大通河流域北靠托莱山、冷龙岭，与河西走廊水系为邻，南依大通山、大坂山，与青海湖水系和湟水流域相连，东隔盘道岭与庄浪河流域接壤，干流河道全长574.12 km，其中青海省境内河长464.42 km，青甘共界段河长49.27 km，甘肃省境内河长60.43 km；青海省境内流域面积12 943 km^2（占比85.5%），甘肃省境内流域面积2 190 km^2（占比14.5%）。河源主流尕日当曲海拔4 330 m，河口海拔1 725 m，总落差2 605 m，干流总比降4.54‰。

1.3.1.2 地形地貌

大通河流域地处青藏高原东北边缘，地貌上属构造剥蚀的中高山区，地形呈西北高、东南低，两侧依山傍岭，干流峡谷与盆地相间，总体走向为东南东。流域内山峦起伏、地势高耸，多山是地形上的特点，主要山脉北部有托勒山、冷龙岭，南部有大通山、大坂山，其峰脊海拔大都在4 500 m左右，其中冷龙岭雄居群山之首，最高海拔为5 254 m。大通河贯流其中，流域狭长，呈羽毛状水系，大通河80%以上的集水面积分布在海拔3 000 m以上。

根据大通河的地形地貌特征，可将大通河分为上、中、下三段。即河源至尕大滩水文站为上游，尕大滩水文站至连城水文站为中游，连城至大通河河口为下游。

上游为河源至尕大滩水文站，河段长297.1 km，面积7 893 km^2，落差1 557 m，平均比降5.2‰。其中河源至武松他拉为河源盆地段，盆地一般宽20～25 m，多沼泽地，水草丰茂，地势较高，气候严寒，两岸崖顶高出河谷100～200 m；武松他拉至尕大滩水文站为峡谷与盆地相间河段，河床海拔3 505～2 980 m，自上而下依次为武松他拉峡、默勒盆地、萨拉峡、纳日更滩、海浪峡和皇城滩、石头峡等，峡谷段河底宽70～80 m，盆地段河谷底宽1～2 km，最宽达6 km，两岸高出河床100～550 m。

中游为尕大滩水文站至连城，河段长223.4 km，区间面积6 021 km^2，落差1 052 m，平均比降4.7‰。其中尕大滩至克图为门源盆地段，河床海拔2 980～2 695 m，河心滩发育，两岸广布阶地，盆地宽10～16 km，较大支流多分布于左岸，两岸崖顶高出河床100～300 m；克图至连城为基岩峡谷段，河床海拔为2 695～1 900 m，河谷深切，岸坡陡峭，呈V形河谷，河谷底宽50～500 m，崖顶高出河谷300～500 m。

下游为连城至大通河河口，河段长40.2 km，面积1 216 km^2，平均比降4.6‰。其中连城至窑街为连城盆地段，河床海拔1 900～1 700 m，两岸阶地发育，河谷底宽1.5～3.0 km，两岸崖顶高出河床100～200 m；窑街至河口，为享堂基岩峡谷段，河床海拔为1 770～1 727 m，急流深切，呈V形河谷。

主要地貌类型有：①冰蚀构造高山，海拔3 700～4 000 m以上的脑山地带，高出平原1 000 m以上，为前中生界地层及侵入岩组成的断块山，冰川刻蚀地形分布普遍，寒冻风化强烈，基岩裸露。②侵蚀构造中山，海拔3 200～4 000 m的地带岩性组成除有三叠系地层外，其余与高山区相同。以北西西区域深大断裂与高山区截然分开，一般高出盆地500～1 000 m，这一带水流侵蚀强烈V形谷发育，沟中丛生灌木和小云杉，大部基岩裸露。③构造剥蚀低山丘陵，位于山麓地带，高出平原100～200 m，主要由中新生界地层构成，局部出露前中生界地层,构造上升比较缓慢,地形多呈波状山梁及不对称的箱形谷,山梁与谷坡上常有碎块石覆盖含黏砂土。冰川冰水堆积台地分布于盆地边缘,岩性主要为泥砾。④堆积平原,广泛分布于山前沉积带,在丘陵山区河谷窄深基座阶地发育,岩性以砂卵石为主,分布于乱海子及克克赛盆地湖沼洼地中的堆积物主要为淤泥。

1.3.1.3　**地层岩性**

本区出露的地层自老至新有前震旦系、中寒武统、中上奥统、中志留系、石炭系、二叠系、三叠系、中下侏罗纪、上第三系及第四系。地层发育不够完整,缺失较多,在空间上分布也不均衡。前震旦系广泛出露中祁连隆起带,下古生界主要分布于北祁连褶皱带内,上古生界及三叠系出露较广泛,中新生界基本上广布全区。

1.3.1.4　**气候特征**

大通河流域深居西北内陆,周围高山环抱,属内陆高寒气候区,主要受东南海洋季风和地势影响,具有冬长暑短、雨热同季、日照时间长、年降水量较多、热量不足、自然灾害频繁等诸多大陆性气候特点。气温垂直分布明显,昼夜温差大。

与工程区气象关系比较密切的气象站主要为门源站,门源站位于门源县浩门镇,各项气象水文要素以门源县浩门镇为例简述于下。

一是日照时间长,太阳辐射强。浩门镇年日照时间 2 600 h 以上,较同纬度地区高 200 h 左右,年太阳辐射量 130.7 ~ 154.0 kcal/cm^2,并由东向西递增。

二是气温垂直分布明显,昼夜温差大。年均温 0.5 ℃,并随海拔升高而递减,海拔每升高 100 m,年均温递减 0.5 ~ 0.7 ℃;递减率 4 月最大、12 月最小,阴坡大于阳坡。日均温稳定通过 0 ℃,初日是 4 月 15 日、终日是 10 月 18 日,间隔 187 d,积温 1 447 ℃;日均温稳定通过 5 ℃,初日是 5 月 22 日,终日是 9 月 19 日,间隔 121 d,积温 1 217 ℃。

三是降水量较多,雨热同季。冷龙岭系祁连山东段高海拔地区,地处东南季风的西部边缘,具有拦截水汽并使水汽凝结的优越条件,南来气流和北来气流常在此相遇,形成一条辐合线,使本区降水量较多,浩门镇多年平均降水量 520.1 mm,年际变化小,年内变化较大。降水的空间分布差异也十分显著,随海拔的升高,降水量呈明显上身趋势;海拔 4 000 m以上的高山区,以降雪为主,占年降水量的 80%。降水时间比较集中,雨热同季;雨季主要集中在 6 ~ 9 月,降水量达 370.3 mm,占年降水量的 71.5%,其中 7 ~ 8 月降水量 211.9 mm,占年降水量的 40.9%,有利于粮油作物、牧草及树木生长的发育。11 月至次年 2 月,降水量仅占全年的 11.4%。

四是冬季寒长,夏短凉爽。日均温≥10 ℃为夏季,低于 0 ℃为冬季,0 ~ 10 ℃为春季,10 ~ 0 ℃为秋季。浩门镇的冬季始于 10 月 23 日、终于 4 月 10 日,长达 170 d;夏季始于 6 月 30 日、终于 8 月 21 日,只有 53 d。1 月平均气温 −13.4 ℃,极端最低气温 −34.1 ℃(1979 年 1 月 15 日);7 月平均气温 11.9 ℃,极端最高气温 27.9 ℃(1966 年 6 月 21 日)。

五是无霜期和生长季节短。以最低气温高于 0 ℃为无霜期,浩门镇终霜日 6 月 22 日,初霜日 8 月 19 日,无霜期 51 d。以日均温稳定通过 0 ℃到霜冻来临为生长季,海拔 3 200 m 以下地区,农作物、牧草生长期为 4 ~ 5 个月;海拔 3 200 m 以上地区,牧草生长期为 3 ~ 4 个月。

六是热量不足,自然灾害多。一是境内气温低,热量不足。二是霜冻每年都有发生,冷空气入侵时，降温幅度大，霜冻出现范围广。三是冰雹年年都有不同程度的发生，对农牧业生产危害较严重。四是春旱严重，是境内重要的自然灾害。每年11月至次年2月，降水量仅占全年的11.4%，8级以上大风日数却占全年大风日数的61.7%，常伴随风沙，蒸发量大于同期降水量的6倍。

1.3.1.5 河流水系及水文地质

大通河属于山区性河流，河源为尕日当曲，其海拔为4 520 m，至河口海拔为1 727 m，落差2 793 m，平均比降为5‰。大通河干流两岸支流呈羽毛状水系，分布较匀。上游主要支流有莫日曲、克克赛河、日子河、西助河和武松他拉河；中游的支流主要有老日干水、萨拉河、莱斯图河、永安西河、老虎沟和浪土当沟等；下游河段无大支流汇入。

本区地下水类型主要为基岩裂隙水和孔隙潜水两种。基岩裂隙水主要分布运移于基岩裂隙中，岩体中裂隙、断层及其破碎带为地下水的富集和运移提供了通道，地下水在基岩中呈带状或脉状分布，主要受大气降水、雪山融水补给；孔隙水主要分布在山涧洼地、冲洪积层和冲积砂卵砾石层中，主要受大气降水、基岩裂隙水、地表水补给。两种类型的地下水均排向大通河。

1.3.1.6 地表径流及水资源

由于受气候和地貌条件的制约，大通河径流年内变化较大，5～9月径流量占年径流总量的70%～80%，实测最大日平均流量与最小日平均流量之比高达890倍以上（以尕大滩水文站最枯流量为0.78 m^3/s、最大日平均流量为695 m^3/s计算）；径流年际变化不大，C_v一般在0.2左右，最大年径流与最小年径流之比为2.51（尕大滩水文站实测值）。

广大中高山区，降水充沛，蒸发微弱，加之谷深坡陡，是地表水形成的主要地带。据《青海地表水资源》统计，大通河流域有冰川面积41 km^2，冰川储量12.5亿 m^3，年消融量0.38亿 m^3，占年径流总量的1.64%。山前倾斜平原是地表水强烈渗漏的地段，如冷龙岭南坡山前倾斜平原上的许多小溪均在山前渗漏殆尽，无疑对地表水的形成具有重大影响。

1.3.1.7 土壤

大通河流域内的土壤大体可分为高山寒漠土、高山草甸土、山地草甸草原土、黑钙土、灰褐土、栗钙土、沼泽土、垫淤土等。

高山寒漠土主要分布在冷龙岭和大坂山已脱离冰川作用的高山碎石带，海拔3 900～4 200 m，这一带气温低，植被很少；高山草甸土主要分布在冷龙岭、大坂山500～4 000 m，土层较薄，植物矮小，植被度达70%以上，多为夏季牧场；山地草甸草原土主要分布在山麓地带，一般海拔3 300～3 500 m，土层较厚，牧草繁多，覆盖度70%～80%，是良好的秋季牧场；灰褐土主要分布在克图以下海拔3 000～3 300 m的林区；黑钙土主要分布在海拔2 700～3 200 m的门源盆地中，成土母质大部分为第四系冲积物和坡积物，部分发育在第三系红砂岩风化壳上，夹杂有少量砂粒和砾岩，土层厚，质地多为中壤，黑－黑灰色，表示大部分有石灰反应，钙积岩明显，宜农耕和冬春放牧；栗钙土主要分布在大通河中、下游两岸及其支流两侧，成土母质多为黄土类土；沼泽土主要分布在乱海子、克克赛盆地及山间洼地、河谷地等，植被度较好，高寒区多为夏秋草场；垫淤土主要分布在河漫滩上。

1.3.2 湟水流域环境概况

湟水是黄河上游一级支流，主要由湟水干流和大通河组成。其中湟水干流介于北纬

36°02′~37°28′、东经100°42′~103°01′，呈树叶状，西北高、东南低，流域面积17 733 km^2。

1.3.2.1 地形地貌

湟水流域位于青藏高原与黄土高原的过渡地带，地势西北高、东南低，境内高山丘陵交错分布，起伏高差悬殊，地形复杂多样。

湟水干流属于祁连山系的西北—东南走向的山地丘陵地形，属西北黄土高原向青藏高原的过渡带，自上而下呈峡盆相间，似如串珠，西宽东窄，地形最高处达4 898.3 m，最低为甘青两省交界的湟水入黄河口处的谷底1 650 m左右，相对高差达3 250 m。依地形、气候、土壤、植被及农业生产的特点，习惯上划分为脑山、浅山、川水地。不同地形的特点见表1-7。

表1-7 湟水流域不同地形特征

地形	地形特征
脑山	土壤多为黑褐色，土地肥沃，植被良好，牧草茂盛，分布有部分森林和灌丛，在地势平坦的沟底、谷底、山梁等地，多辟为耕地，是湟水干流地区主要畜牧业基地
浅山	地面植被稀疏，荒山秃岭，地势破碎，沟谷极为发育，沟道短促，坡度大，横断面呈V形，多悬谷、滑坡、崩塌等地形地貌，水土流失严重
川水地	湟水干流南北两岸支沟发育，地形支离破碎，支沟之间多为黄土或石质山梁，沟底与山梁顶部，高差一般都在300~400 m以上，干流峡盆相间，状如串珠，自上而下有海晏盆地、湟源盆地、西宁盆地、平安盆地、乐都盆地、民和盆地等六大河谷盆地，两岸的河谷阶地，水热条件较好，耕地肥沃，农业生产历史悠久，是青海省东部地区主要农业生产基地

1.3.2.2 气候特征

调水总干渠引水出口位于北川河上游的宝库河流域，这里是青海省境内雨量较丰沛的地区之一，年降水量在400~600 mm以上，相应蒸发量较小，年平均蒸发量1 273 mm。由于地处祁连山脉大坂山的东南侧，位置偏北，西风带系统过境频繁，在盛夏季节受东南季风和西南气候的影响，水汽充沛。同时在近地层处气温较高，常使大气低层处于不稳定状态，促使热力对流的形成，在冷空气顺河西走廊南下时，往往沿湟水河谷倒灌，形成强对流天气，出现暴雨。这里暴雨历时较短，强度大，是全省暴雨频繁发生的地区，洪水灾害时常发生。

1.3.2.3 土壤特点

流域内土壤随地形、海拔、气候、成土母岩的综合影响而有比较明显的差异，成土母岩主要为第三纪红土和第四纪黄土。河谷地区由冲洪积次生黄土和红土组成，以灌溉型栗钙土为主，土壤肥沃，气候温和，农田多具防护林网（“四旁”林多为杨树）；浅山地区多为红、黄、灰栗钙土，干旱缺水，水土流失严重，土壤贫瘠，有机质含量约1%；脑山地区耕作土壤主要以暗栗钙土、黑钙土及山地草甸为主，土体较深厚，结构较好，有机质含量在2%以上，土壤比较肥沃，但土性较凉。主要土壤类型及其特征表现如下。

受大坂山地理位置和地形地貌的影响，本区土壤主要类型有高山石质土、高山草甸土、山地棕褐土、黑钙土、栗钙土等土壤类型。其分布具有一定的规律，且有明显的垂直地带性。

（1）高山石质土：分布于大坂山海拔3 900 m以上的石质山地及周围的坡地，因冻融分化,岩石裂解,片状石块逐年下滑,形成流石坡(碎石带)。与此相应的植被有流石坡稀疏植被和垫状植被。部分平缓高山洼地有嵩草、头花蓼等草甸植物分布。

(2)高山草甸土:分布于海拔 3 100 ~ 3 900 m 的大部分地区,生境寒冷潮湿,主要有高山草甸土和高山灌丛草甸土两个类型。

高山草甸土:主要分布于海拔 3 600 ~ 4 100 m 高山地带,是寒冷半潮湿气候和高寒草甸植被下发育形成的土壤,有强烈的生草过程。母质以岩石风化的残积—坡积物为主,土体中混有较多的砾石和岩屑。植物以嵩草和苔草等为主。表层土壤含量在 10% 左右。pH 值为 6.6 ~ 7.4。由于气候寒冷,主要为夏季牧场。

高山灌丛草甸土:主要分布于海拔 3 100 ~ 3 600 m,为灌丛分布地带,即灌木分布区的阴坡、半阴坡,是高寒气候和高寒灌丛植被下发育起来的土壤类型。主要灌木种类有高山柳、金露梅、鬼箭锦鸡儿等,草本有苔草、嵩草、珠芽蓼等。淋溶过程和腐殖质累积明显,表层土壤含量在 10% ~ 13%。pH 值为 6.4 ~ 7.3。

(3)灰褐土:是湿润或半湿润地区森林下发育的土壤类型。多分布于海拔 2 600 ~ 3 200 m 的阴坡和半阴坡,一般在山坡的中下部。多为斑块状,其上主要乔木树种有桦树、山杨等,灌木有金露梅、忍冬、蔷薇等,草本主要有东方草莓、箭叶橐吾、苔草等。有枯枝落叶层,表层土壤含量在 16% ~ 23%。pH 值为 6.8 ~ 7.6。

(4)黑钙土:主要分布于海拔 2 650 ~ 3 600 m 的高寒半湿润气候地带,母质为第四纪沉积物和坡积物。主要草本有苔草、嵩草、针茅、香青等。黑钙土成土过程主要是腐殖质的累积过程和钙积化过程。表层土壤含量在 7% ~ 10%。pH 值为 6.8 ~ 7.5。目前大通河谷滩地和湟水上游部分黑钙土已垦为农田。主要种植小油菜、青稞、春小麦和马铃薯等。长期的耕作之后,土壤肥力有所下降。

(5)栗钙土:分布于海拔 2 600 ~ 2 800 m 的大通河谷地和湟水地区半阳坡、阳坡。成土母质复杂,主要是黄土和冲积黄土为多,自然植被为草原,草本植物有针茅、赖草、早熟禾、蒿等。坡度较缓的地区已垦为农田。表层土壤含量在 4% ~ 7%。pH 值为 6.9 ~ 8.0。

(6)沼泽土:分布于地形低洼地区,常处于季节性或长期积水状态下。植被以苔草、嵩草等为主。由于积水低温,土壤通透性差,有机质分解缓慢。

1.3.3 水资源开发利用现状

1.3.3.1 受水区水资源开发利用现状

1)水资源量

湟水干流区多年平均水资源量 22.22 亿 m^3(不包括大通河),其中地表水资源量为 21.30 亿 m^3,地下水资源量为 12.43 亿 m^3,与地表水重复计算量为 11.51 亿 m^3,2006 年地表水供水量 10.19 亿 m^3,地表水资源利用率达 47.8%。

受水区西宁市和北川工业区属湟水干流河谷地区,受水区水资源总量为 0.52 亿 m^3,其中,地表水资源量 0.25 亿 m^3,地下水资源量为 1.10 亿 m^3,地表水与地下水之间的重复计算量为 0.83 亿 m^3。

2)水资源利用情况

2006 年受水区各类工程总供水量为 3.50 亿 m^3,其中地表水供水量 1.20 亿 m^3,占总供水量的34.3%,地下水源供水量为2.30亿 m^3,占总供水量的65.7%。在地下水供水量中,供给工业生产的比例为54%。

受水区自产水资源量很少,现状供水多以过境水源为主。地表水以引、提湟水干流和北川河、南川河、云谷川、西纳川、沙塘川等支流为主,地下水供水——自来水厂水源地和部分企业自备水源也多布设在北川河、南川河、云谷川、西纳川等支流河谷处。

2006年受水区国民经济各部门用水量为3.50亿 m^3,其中生活用水0.56亿 m^3,占总用水量的16.2%;工业用水1.75亿 m^3,占总用水量的50%;建筑业和第三产业、农田灌溉、南北两山绿化用水分别占总用水量的8.6%、14.0%和8.6%。工业用水中,使用地下水比例为79%。

3)水资源开发利用存在的问题

湟水干流区地表水资源分布及开发利用存在以下主要问题:

(1)地表水资源地区分布不均。湟水干流区降水量的地区分布不均,降水一般随海拔的降低而减小,由两侧山区向河谷递减。降水量的地区性差别,造成了水资源分布的极其不均和水资源严重的供需矛盾。越不适宜人类生存的高海拔山区降水量越丰富,而社会经济聚集的受水区属中低海拔区域,降水量较少,干旱缺水。

(2)湟水干流区工程性缺水明显,供水保障困难。目前在湟水干流区建有91处蓄水工程,分布遍及干流、绝大多数支流,受区域地形地质条件的限制,已无适宜修建新的调蓄工程的地点;现有工程大多调蓄能力不足,流域内中型以上水库仅4座,总体上调节能力有限,供水保证程度不高。通过建设调蓄工程来开发利用湟水干流地表水,潜力已不大。

(3)受水区地下水用水不合理。湟水地区平原区地下水集中开采于西宁盆地的城市供水水源地和厂矿企业自备水源地,大部分用于生活用水和工业生产用水,2006年受水区地下水实际供水量为2.56亿 m^3,而受水区地下水可开采量仅1.46亿 m^3,地下水不合理用水即地下水超采量为1.1亿 m^3。西宁盆地集中开采地下水,使已开采区内局部地段出现降落漏斗。在地下水供水量中,54%的水量供给工业生产使用,工业用水中地下水所占比例高达79%。

1.3.3.2 调水区水资源开发利用现状

1)水资源量及水利工程

大通河流域水资源总量为30亿 m^3,其中地表水资源量为29.86亿 m^3,地下水资源量为14.40亿 m^3,与地表水的重复量为14.26亿 m^3。地表水资源开发率为20.6%。工程坝址断面多年平均径流量15.39亿 m^3。

大通河现有调水工程有甘肃省引大入秦工程和甘肃省引硫济金工程。引大入秦工程总干渠的渠首位于大通河天堂寺水文站以下1.1 km处的科拉沟口。工程于1994年10月建成通水,引大通河水至甘肃省秦王川,设计灌溉面积86万亩,许可引水量为3.3亿 m^3/a,2006年引水量为3.9亿 m^3。引硫济金工程引大通河支流永安河上游二道沟支流硫磺沟河水至甘肃省境内的石羊河,引水枢纽位于门源县硫磺沟石峡门上游700 m处。工程许可引水量为0.40亿 m^3/a。2006年引水量0.28亿 m^3。

引大济湟大通河取水口下游尕大滩—天堂寺区间发展以农业用水为主,主要集中在青海省门源县境内。大通河天堂寺—享堂区间也以农业用水为主,集中在甘肃省永登县和兰州市红古区。大通河流域万亩以上灌区引水工程主要有门源县大滩渠、浩惠渠，甘肃省永登县登丰渠、河桥渠和红古区谷丰渠。

2）水资源利用状况

2006年大通河流域各类水工程供水量为6.306 0亿 m^3，其中青海省供水0.667 1亿 m^3，甘肃省供水5.638 9亿 m^3，分别占总供水量的10.6%、89.4%；流域内供水2.112 8亿 m^3，流域外供水4.193 2亿 m^3，分别占总供水量的33.5%、66.5%。

目前，门源县城饮用水水源地位于大通河北岸一级支流老虎沟峡口，主要为门源县供水。

3）水资源开发程度

目前，大通河流域的水资源开发主要集中在中、下游区域；上游区水资源开发利用程度较低，有较大的开发利用潜力，具备可外调的水资源条件，目前规划有引大济湟调水工程。大通河流域水资源开发利用程度见表1-8。

表1-8　大通河流域水资源开发利用程度

流域分区	地表供水量（亿 m^3）	地表水资源量（亿 m^3）	开发率
上游区	0.28	15.80	1.8%
中游区	4.52	9.06	49.9%
下游区	1.35	5.00	27.1%
大通河流域	6.15	29.86	20.6%

4）下游用水户情况

根据大通河天堂寺以下河段主要用水户调查，天堂寺—享堂区间上段为峡谷区，中间为连城盆地，下段为享堂峡谷。主要以工农业用水为主，除引大入秦调水工程外，主要水利工程是一些自流引水工程和提水工程，万亩以上灌区有登丰渠、河桥渠、谷丰渠三处，均在大通河干流。本区工业较为发达，属大通河流域工业集中地区，主要是甘肃红古区及永登县的连城工业区，主要工业企业有腾达西北铁合金厂、连城热电厂、连城铝厂等。

1.3.4　社会经济概况

大通河在青海省境内流域面积12 943 km^2，耕地59.99万亩，可利用草场1 451.76万亩，林地302.54万亩，非利用土地347.1万亩。截至2005年底，总人口35.24万人，其中城镇人口4.81万人，农村人口30.43万人。地处流域下游及河口地区的甘肃省境内，有天祝、永登和兰州市红古区的部分地区，总人口约40万人，由于工矿业集中，非农业人口占总人口的25%左右，是大通河流域人口密度最大和经济最发达地区，工业以煤炭和高耗能工业为主。

湟水流域是青海省政治、经济、文化的中心地区。全流域包含海晏县、西宁市（包括城西区、城中区、城东区、城北区、大通县、湟中县、湟源县）、互助县、平安县、乐都县、民和县等。据2006年统计资料，全流域有汉、蒙、藏、回、土、撒拉等民族324.76万人，其中城镇人口149.25万人，占流域总人口的45.95%，人口密度平均每平方千米201人。

受水区由西宁市和北川工业区组成，西宁市是青海省省会，现有工业主要为冶金、制药、化工、机械制造等，市区面积 380 km^2；北川工业区位于西宁市城北区和大通县之间，面积 21 km^2 左右，主要有电力、化工、冶金、机械制造、水泥生产等大型工矿企业。根据 2006 年资料统计，受水区总人口 109.1 万人，其中城市人口 97.7 万人，城镇化率为 89.6%，占湟水干流城镇人口的 68.4%。工业增加值 65.0 亿元，占湟水干流工业增加值的 67.4%。有效灌溉面积 8.15 万亩，其中菜田面积 4.24 万亩。南北两山绿化面积 10 万亩，鱼塘面积 0.3 万亩，城市生态面积 2.0 万亩。牲畜头数 23.8 万头。

第2章　国内外研究进展

2.1　调水工程的建设与发展

2.1.1　国内调水工程建设现状

我国水资源南多北少，相差十分悬殊；水资源的年内分配非常集中，年际变化较大。近年来，随着经济社会的高速发展，水资源矛盾日益加剧，水资源紧缺已成为制约缺水地区发展的最大瓶颈。

我国是世界上从事调水工程建设最早的国家之一。早在公元前486年，我国就兴建了沟通长江、淮河流域的邗沟工程。新中国成立以来，我国已兴建了不少跨流域调水综合利用工程，如我国最大的跨流域调水工程——南水北调、太湖流域的引江济太调水工程、引黄济青工程、云南滇中高原调水工程、引洮济渭工程、胶东地区引黄调水工程、陕西省正在筹划中的引汉济渭工程等。据不完全统计，我国现在已建、在建、拟建跨流域调水工程约130项，拟议和规划的调水工程20余项，其中灌溉工程114项，旅游和环保工程3项，区域多目标开发工程8项，年总调水量达300多亿 m^3。

据《大通河水资源利用规划报告》（黄委会规划设计院），大通河上的跨流域调水工程有5个，即引大入秦（秦王川）、引大济湟（湟水河）、引大济西（西大河）、引大济湖（青海湖）和引大济黑（黑河）。规划远景水平年（2050年）可外调水量18.29亿 m^3，其中引大入秦4.28亿 m^3、引大济湟7.5亿 m^3、引大济西2.5亿 m^3、引大济湖和引大济黑两项工程4.01亿 m^3。

2.1.2　国外调水工程建设发展过程

水资源危机与河川径流量的时空分布不均衡，是在全世界普遍存在的问题。调水工程是优化水资源配置、解决区域缺水问题的重大战略措施。因此，许多国家都曾把修建蓄水库和跨流域调水工程作为解决水资源时空分布不平衡的主要手段。

跨流域调水工程的发展历史悠久，早在公元前2400年前古埃及为了满足今埃塞俄比亚境内南部的灌溉和航运要求，国王默内尔下令兴建世界上第一条跨流域调水工程，引尼罗河水灌溉沿线土地，促进了埃及文明的发展和繁荣。大规模调水工程是在20世纪40年代后期开始发展起来的，20世纪40到80年代是建设调水工程的高峰期，国外大多数调水工程在这个期间建成。到现在为止，美国已建跨流域调水工程11处，俄罗斯已建跨流域调水工程有15处，此外，加拿大、印度、澳大利亚、巴基斯坦、法国、英国、德国、以色列、伊拉克、西班牙、墨西哥等国，也先后兴建了多处跨流域调水工程。据不完全统计，目前世界上已有20多个国家和地区兴建了160多处跨流域调水工程。其中，比较著名的国外工程有巴基斯坦的西水东调工程、美国的中央河谷工程、美国的加州调水工程、澳大利亚的雪山调水工程、秘鲁的马赫斯调水工程、哈萨克斯坦的额尔齐斯调水工程、加拿大的丘吉尔调水工程、德国的巴伐利亚调水工程、南非的莱索托高原调水工程、利比亚人工运河工程等。

国外在20世纪70年代开始进入调水计划的收缩时期，许多跨流域调水计划已经重新修改，有些计划甚至被放弃，如苏联拟建的“北水南调”工程。其原因主要是：①水量调出区的强烈反对；②投资大幅度增加，超出了工程受益区的经济承受能力；③人们对工程经济上的可行性存在严重疑问；④人们难以确定跨流域调水对生态环境的影响范围和程度大小等。

2.2 调水工程的影响研究

跨流域调水工程的一大特点就是水资源的再分配，一般是为了解决水资源不足，或者充分利用水资源。其效益主要有：为经济发展提供保障；促进缺水地区经济结构的战略性调整；通过改善水资源条件来促进潜在生产力，形成经济增长，可较大地改善缺水地区的生态状况和人类的自然生存环境特别是水资源条件，促进人与自然的和谐发展；改善当地饮水质量，有效解决一些地区地下水因自然因素造成的水质问题，如高氟水、苦咸水和其他含有对人体不利的有害物质的水源问题；有利于回补地下水，保护湿地和生物多样性；提高抗旱和防洪能力，最大限度地减少灾害损失。

深入研究，却发现其中潜在影响是十分巨大和复杂的，其影响包含直接的或间接的、短期的或长期的、诱发的或积累的、一次的或复次的等诸因素。许多学者提出，大型跨流域调水工程无论是从生态环境的角度还是从社会经济的角度都具有一定的风险因素。这是由于跨流域调水人为地改变了地区水情，势必会改变原来的生态环境，甚至将造成不可逆转的生态环境破坏。因此，跨流域调水工程应当全面考虑对社会经济和生态环境各方面的影响。

跨流域调水工程对生态环境的不良影响大概有以下几个方面：

(1)对调水区的影响。①可以缓解调出水地区的洪水威胁，从而体现出明显的防洪效益；②可能导致生态环境用水不足；③调水将会不同程度地影响水源局部地区的气候变化，并导致水温升高、水质恶化、泥沙淤积、水库地震、水生生物变迁、文物古迹淹没、自然景观破坏等问题；④调水有利于减轻水源下游地区的洪涝灾害，但也会因下游水量的减少而导致下游河道的航深降低、河道冲淤规律变化、生物多样性的消失、已有水利工程设施功能降低甚至失效、农业灌溉面积减少等问题；⑤若引水口距河流入海口较近，还会改变河口水位，导致河口泥沙淤积、增加海水(盐水)入侵等问题。

(2)对受水区的影响。①可以解救调入水地区的生态危机；②可能导致疾病传入；③容易产生新的污染输入。

(3)对调水沿线的影响。①利用天然河道输水和湖泊调蓄，将会改变原河流和湖泊的水文、水力特征；②大型渠道输水有利于发展航运，改善自然景观；③由于输水沿线水量的增多，可能使水生物和鱼类的数量、种类增多；④由于输水沿线水量的增加，一方面有利于改善沿线的水质环境，另一方面，如果输水沿线存在水污染源且向输水渠道或河道排放，则将会导致调水量受到污染；⑤输水沿线若存在膨胀土、滑坡、断层、地震多发区等不良地质条件时，则容易导致渗漏和崩塌甚至诱发局部地震，给沿线的生态环境造成较大破坏；⑥当输水线路经过较强暴雨区时，可能产生水源区与通过区或供水区之间的洪水遭遇，形成更大的拱涝灾害，当输水线路与地表水流向或地下水流向正交时，则可能因阻止了地表水或地下水的出路而导致洪涝碱灾害；⑦输水沿线的输水渗漏，一方面有利于抬高地下水位、缓解输水沿线的供水紧张状况，另一方面也可能导致土壤次生盐碱化；⑧当输水线路经过人口稠密地区时，一方面可为居民增加新水源和风景区，另一方面也会导致大量移民和工矿企业及城镇的搬迁；⑨输水工程施工时，会引起输水沿线的地貌与生态景观改变和环境污染等。

目前，国内外关于跨流域调水对生态环境影响的研究主要集中在定性分析和预测阶段。祈继英等在分析河流生态系统特征的基础上，从河流生态系统的非生态变量和生态变量角度研究了大坝对河流生态系统的影响，认为大坝在发挥调蓄区域水资源、降低洪涝灾害、获得清洁能源等重要作用的同时，也对河流系统水文情势、形态、地貌、水质以及生态环境产生了不利影响，建议大坝建设者和管理者通过应用现代技术，深入开展环境影响评价，制定利于生态环境的大坝运作模式，以减轻大坝对河流生态系统环境等方面的影响，实现可持续发展。周万平等分析和评价了南水北调东线一期工程实施后洪泽湖水位、透明度、营养盐的变化，以此为基础定性分析了对浮游生物、水生维管束植物、鱼类产生的影响，认为工程实施后水生维管束植物全湖生物量将减少，敞水性鱼类增加，草食性鱼类以及水生维管束植物为产卵基质的鱼产量下降。苏万益等详细介绍了南水北调西线工程调水区的水生生物和森林植被现状；分析了近几十年来森林植被的退化过程、原因，水生生物繁衍和生存的特点；定性分析预测了工程实施后对鱼类及鱼类产卵场将会产生的影响，并提出了保护调水区生态及环境的若干建议。刘进琪认为，西北地区生态环境对水的变化十分敏感，跨流域调水成为影响生态环境的关键因素，大通河跨流域规划调水工程较多，将引起水文情势的剧烈变化，对河道内生态和水环境影响产生显著的效应，基于生态需水、河流纳污能力等理论，分析研究了调水前后可能引起的河道生态环境各要素变化的程度和范围，结果表明，调水引起的水文情势变化，对河道内水生生态、水环境和河谷陆地生态的影响十分显著。

关于大通河流域调水工程对水生生物的研究不多，张海红在分析生态水量的基础上评价了大通河调水工程对水生生物的影响，认为调水后河道内的流量过程完全可以满足鱼类的生存需要，不会产生负面影响。远景期 2050 年规划实施后，下游河道处于生态开始退化的标准。因此，远景调水规划存在着引起河道内生态恶化的风险。

由于我国水资源时空分布极不均衡，解决水资源供需矛盾势必要建设诸多跨流域调水工程。因此，对生态环境产生重大影响的重大工程来说，应系统地研究其对生态环境的影响，特别是对影响机理的分析探讨，从而为各级政府决策部门制定相关的政策提供理论依据和实证参考。

2.3 调水对生态环境影响评价常用方法

目前,跨流域调水对生态环境影响评价大多采用矩阵法、综合评价指数法、模糊综合评价法和 BP 神经网络法等。

2.3.1 矩阵法

该方法的特点是简明扼要,且易于直观表达,在表示对环境的影响时,可以十分有效地向非专业人员提供直观的信息。同时,该方法具有显著的实用性,不需要测定大量的参数。但这种方法会给影响幅度和重要性的选择以及估计影响的利弊带来主观偏差。

2.3.2 综合评价指数法

该方法具有灵活、全面的特点,现已广泛运用于涉及面较广并较复杂的评价中,也可用于生态环境影响综合评价。该评价方法一般用于生态因子单因子质量评价、生态环境多因子综合质量评价和生态系统功能评价。应用这种方法的关键是确定指标集和指标权重,在指标集和指标权重的确定过程中,一般采用简单易行的特尔菲法,但是这种方法受人为因素影响太大。

2.3.3 模糊综合评价法

该方法的优点主要体现在:①可为定性指标的定量化提供有效的方法,可实现定性和定量方法的有效结合;②可以很好地解决判断的模糊性和不确定性问题;③对评价对象模糊性状的客观描述具有直接的物理意义,克服了传统数学方法结果单一性的缺陷;④可对涉及模糊因素的对象系统进行综合评价,而且更加适用于评价因素多、结构层次多的对象系统。该方法存在以下不足:①不能消除评价指标之间的相关性,可能产生指标间的信息重复,从而引起评价结果的不准确性;②与层次分析法类似,对各因素的权重确定带有一定的主观性;③在某些情况下,隶属函数的确定有一定困难,尤其是多目标评价模型,要对每一目标、每个因素确定隶属度函数,过程过于烦琐,实用性不强。

2.3.4 BP 神经网络法

BP 神经网络模型具有较好的自学习性、非线性逼近能力和泛化能力,但这些能力并不是其本身所固有的,而是在满足建模条件的情况下所特有的,否则,网络模型极有可能是训练样本的错误反映。大量研究表明,BP 神经网络模型存在以下几个致命弱点:①训练过程易进入局部极小点;②网络结构太大,使训练时极易出现过拟合现象。

评价方法的选择应当根据跨流域调水工程的实际情况,做到既科学客观又简便易行。

第3章　区域生态环境现状调查

3.1　生物资源

3.1.1　植物区系的特征

根据初步统计,区域现有野生种子植物204属385种,归52科,其中裸子植物有3科3属3种,被子植物计201属382种,归49科。在201属382种的被子植物中,我国特有属有4属4种,它们是十字花科的穴丝草属(*Coelonema* Maxim.)、伞形科的羌活属(*Notopterygium* H. Boiss.)、菊科的华蟹甲草属(*Sinacalia* H. Robins. et Brettell)和黄冠菊属(*Xanthopappus* C. Winkl.)。

根据本区这204属种子植物的地理分布特征,可以认为区域的植物区系为温带性质,其区系成分以北温带为主(占51.0%);旧大陆温带、中亚和温带亚洲成分都占一定比例(各占不到12%);东亚成分很少(只占不到4%)。特有属仅4属4种,仅占本区种子植物总属数的2.0%。区域处于唐古特植物地区的祁连山小区的中心地区,植物区系上,明显表现出唐古特植物区系的性质和特征。见表3-1。

表3-1　本区种子植物属的分布区类型及其变型

分布区类型和变型	属数	所占比例(%)
一、世界分布		
1. 世界分布	32	15.7
二、泛热带分布及其变型		
2. 泛热带分布	3	1.5
四、旧世界热带分布及其变型		
4. 旧世界热带分布	1	0.5
七、热带亚洲分布及其变型		
7. 热带亚洲(印度—马来西亚)分布	1	0.5
八、北温带分布及其变型	104	51.0
8. 北温带分布	72	35.3
8-2. 北极—高山分布	5	2.5
8-4. 北温带和南温带(全温带)间断分布	24	11.8
8-5. 欧亚和南美洲温带间断分布	2	1.0
8-6. 地中海区、东亚、新西兰和墨西哥到智利间断分布	1	0.5
九、东亚和北美洲间断分布及其变型		
9. 东亚和北美洲间断分布	5	2.5
十、旧世界温带分布及其变型		
10. 旧世界温带分布	23	11.3

续表 3-1

分布区类型和变型	属数	所占比例(%)
10-1. 地中海区、西亚和东亚间断分布	2	1.0
十一、温带亚洲分布		
11. 温带亚洲分布	9	4.4
十二、地中海区、西亚和中亚分布及其变型		
12. 地中海区、西亚至中亚分布	4	2.0
十三、中亚分布及其变型		
13. 中亚分布	2	1.0
13-2. 中亚至喜马拉雅分布	1	0.5
13-4. 中亚至喜马拉雅—阿尔泰和太平洋北美洲间断分布	1	0.5
十四、东亚分布及其变型		
14. 东亚(东喜马拉雅—日本)分布	3	1.5
14-1. 中国—喜马拉雅(SH)分布	8	4.0
十五、中国特有分布		
15. 中国特有分布	4	2.0
合计	204	100

注:1. 在本区的植物区系成分中,北温带成分占有绝对优势地位,使这个区系具有明显的北温带性质。
2. 在本区植物区系中,世界广布属占有相当高的百分比;在种类组成上缺乏特有属及古老原始的属。

3.1.2 野生植物资源

由于地形、地貌、海拔、气候及水热资源等自然条件的多样性,境内植被分布具有一定的垂直地带性特征。从东南到西北依次为森林、疏林、山地草原、灌丛、山地草甸、高寒草甸、高寒沼泽草甸类草场。其中,山地草甸、高寒草甸、灌丛类草场分布最广、面积最大。山地草甸类主要遍布海拔 3 000 ~ 3 700 m 的滩地和山地阴、阳坡上,约占草场总面积的 48.79%。区域内森林资源较为丰富,系国家确定的西宁地区水源涵养林区之一,森林覆盖率达 17.71%,局部最高地带高达 47.32%。

区域内野生药用和其他资源型野生植物较为丰富,据调查统计,各类植物中乔灌木共有 76 科、103 属、200 多种,其中乔木 39 科、51 属、106 种,灌木 27 科、48 属、84 种;草类植物有 48 科、197 属、396 种。药用植物包括草本类、木本类、果实种子类及菌类,仅门源县境内野生药用植物就有 62 科、160 属、385 种,遍及全县,尤以林区最多。其中分布面积较大、数量较多,经济价值较高,可以采集利用的野生药用植物有杜鹃、羌活、柴胡、沙参、冬虫夏草、黄芪等 40 多种,分布面积 100 余万亩,储量约 2 500 万 kg。

3.1.3 野生动物资源

历史资料显示,湟水流域历史上野生动物资源主要有兽类 26 种;鸟类 20 余种。其中,在《国家重点保护野生动物名录》中,属国家一级、二级保护的野生动物有 10 余种,如雪豹、白唇鹿、马麝、马鹿、蓝马鸡、淡腹雪鸡等。目前,兽类中除啮齿类较多外,其他物种比较少见,见表 3-2。

表 3-2　湟水流域主要野生动物生态习性及分布

种名	生态习性	分布
雪豹 (*Panthera uncia*)	别名:草豹。属高原山地动物,在青海栖息于海拔 3 900 ~ 5 300 m的高山地带。夜行性,黄昏与早晨活动频繁。日活动有固定的路线,常等待伏击,突然扑杀方式猎捕食物。单独活动,具有领域性,领域的大小以食物的状况而定。其交配期多在冬末 1 ~ 3 月,怀孕期约 100 d,5 ~ 7 月产仔,每胎多为 2 只	黄河与长江源区分布,门源高山区有分布
白唇鹿 (*Cervus albirostis*)	是青藏高原特有动物。属鹿科鹿属动物。喜群居,一般 10 ~ 30 头,除交配季节外,雌雄成体均分群活动,终年在一定范围的山麓平原、开阔的沟谷和山岭间。晨昏活动,冬季活动时间延长	黄河、长江源区及祁连山地分布,门源高山草甸区有分布
马麝 (*Moschus sifanicus*)	别名:麝、香子。属鹿科麝属动物。栖息在海拔 3 500 ~ 4 500 m 的高山灌丛和林缘附近的灌木丛中,除配种季节外,喜独居。生活具规律性,有一定的领地和活动路线,在无干扰的情况下,采食、便溺、擦尾及栖息均有固定的场所,多在山坡中段地带	祁连山地、青海湖流域、长江、黄河源区分布,门源高山草地区有分布
马鹿 (*Cervus elaphus*)	别名:青鹿、草鹿。属鹿科鹿属动物。马鹿群集活动,性机警,善于奔跑,听觉、嗅觉特别灵敏,而视觉稍钝,如稍遇异常情况则立即逃离。马鹿夏季多在高山森灌和草甸地带活动,冬季由高处迁至山谷或向阳的山坡地带。晨昏是其活动采食的频繁期	长江源区、环湖地区、柴达木盆地有分布,大通、门源有分布
蓝马鸡 (*Crossoptilon auritum*)	别名:马鸡、角鸡。属鸡形目雉科马鸡属动物。一般栖息在 2 100 ~ 3 700 m 的云杉林、山杨、松柏林及高山灌丛地带。喜结群活动,长结成 10 ~ 20 只的群体。其活动时间与日照有密切的联系,不同季节的活动时间相差较大。为植食性鸟类,也食昆虫。每年 4 ~ 6 月繁殖。每窝产卵 6 ~ 12 枚,多数为 7 ~ 8 枚,孵化期 26 d	青海境内湟水河、黄河、长江源区有分布,门源也有分布
淡腹雪鸡 (*Tetraogallus tibetanus*)	别名:藏雪鸡。属鸡形目雉科雪鸡属动物。是世界上分布海拔最高的高山鸟类,栖息于 3 700 ~ 5 000 m 以上的裸岩和堆积砾石的高山以及高山草甸带。喜结群活动,常 3 ~ 5 只结集,多者 20 ~ 30 只成群。有季节性迁移特性,夏季活动区域海拔较高,冬季下降至林线。属杂食性,主要在晨昏出来觅食,午间和夜间多在灌丛和岩石下休息,食物以植物性食物为主,也是昆虫。每年 5 ~ 7 月间繁殖,每窝产卵 6 ~ 7 枚,孵化期 27 d	全省除西宁和海东外均有分布,门源也有分布

本工程所在位置海拔在 3 000 m 左右,人类活动干扰多,引水枢纽及隧洞进口施工区距青石嘴镇仅 4.7 km,附近分布有上吊沟村、上铁迈村、尕大滩村等村落,人类生产、生活

活动频繁;隧洞出口施工区临近大通县纳拉村和大坂口村,周围分布有村居、农田,且有宁张公路(国道)经过,车辆往来频繁;通风竖井位于铁迈煤矿简易公路旁,该公路经常有车辆通过。经现场调查,工程施工影响区域野生动物主要有旱獭、野兔和小型啮齿类、鸟类,无国家级保护野生动物活动。

3.2 区域主要生态系统类型及其特点

调水总干渠地处青藏高原东北部的祁连山,为我国青藏高原与黄土高原的过渡地带,海拔的垂直变化明显,其地貌类型丰富、气候环境多样、生境变化复杂,从而形成了独特的生态系统类型。主要包括森林生态系统、灌丛生态系统、草原生态系统、草甸生态系统、湿地生态系统、农田生态系统、高山稀疏植被生态系统、城镇生态系统等。

3.2.1 森林生态系统

森林是地球上重要的生态系统类型之一,它是在湿润、半湿润的环境条件下发育形成的,具有涵养水源、保持水土、调节气候等方面的生态功能。本区森林生态系统类型主要有常绿针叶林、针阔混交林和落叶阔叶林,主要针叶树种有青海云杉、祁连圆柏等,构成阔叶林的主要树种有白桦、山杨等,常分布于海拔2 300 ~3 400 m的山地,常呈斑块状分布。森林生态系统的野生动物种类十分丰富,国家重点保护的动物有白唇鹿、马鹿等。其他常见的兽类动物有狼等。森林中常见的鸟类动物有蓝马鸡等。

3.2.2 灌丛生态系统

灌丛是本区广泛分布的生态系统类型之一,是在湿润、半湿润的环境条件下发育形成的,具有涵养水源、保持水土等方面的重要生态功能,包括温性灌丛、高寒灌丛和河谷灌丛等,一般分布在海拔2 400 ~3 600 m的山地或滩地。温性灌丛的主要优势种有沙棘、小檗等;高寒灌丛的主要优势种有金露梅、山生柳、鬼箭锦鸡儿、百里香杜鹃等;河谷灌丛的主要优势种有沙棘、水柏枝等,分布于大通河的砾质河滩。森林中常见的鸟类动物有蓝马鸡、血雉、雉鹑、高原山鸦、石鸡等。

3.2.3 草原生态系统

草原是陆地生态系统重要的景观类型之一。它是在半干旱、半湿润的环境条件下发育形成的,优势种由多年生草本植物所组成,多分布在海拔2 500 ~3 500 m的山地阳坡或滩地。草原是草地畜牧业的重要物质基础,并具有涵养水源、保持水土、防治风沙等功能。本区草原优势植物有长芒草、赖草、蒿等。草原生态系统的野生动物有高原鼠、兔等。鸟类有角百灵、小云雀等。

3.2.4 草甸生态系统

草甸生态系统是在湿润、半湿润环境条件下形成的生态系统类型,植物群落组成以中生多年生草本植物为主。主要分布于大坂山海拔3 200 m以上,高寒草甸由寒冷中生多年生草本植物为优势种，以苔草属（*Carex*）和嵩草属（*Kobresia*）植物为典型代表。高寒草甸生态系统的野生动物种类有高原鼠兔、高原鼢鼠等。鸟类有大鵟、兀鹫、红隼等。

3.2.5 湿地生态系统

湿地是地球上具有独特生态功能的景观生态类型。湿地通常是指陆地上常年或季节性积水和过湿的土地，并与其生长、栖息的生物种群构成的独特生态系统。根据湿地的水文、生物、土壤等组成要素的基本特征，可以划分为湖泊型湿地、河流型湿地和沼泽型湿地3个基本类型。在工程区大通河门源段有河谷湿地灌丛，在湟水中下游的部分静水河滩有少量芦苇湿地。

3.2.6 农田生态系统

农田生态系统是指由人工植被及其生态环境所组成的非自然生态系统。区域农田生态系统主要分布于大坂山海拔3 200 m以下，集中在北川河两侧坡地和门源盆地等。根据灌溉条件，可以划分为水浇地和旱地两种类型。门源地区种植的作物有青稞、油菜等。大通地区种植的作物有春小麦、油菜、马铃薯、青稞等。其野生动物种类十分贫乏，多数为伴人动物种类，如麻雀等。

3.2.7 高山稀疏植被生态系统

高山稀疏植被生态系统是在高山冰缘环境下形成的特殊植被生态系统类型，以适冰雪植物为优势或常见植物种类所组成的植物群落构成的生态系统。主要分布于大坂山海拔3 900 m以上的高海拔高山碎石或倒石堆地区。其生境具有寒冷、多风、干旱的特点。以水母雪莲和红景天所形成的植被类型最为典型。植物群落结构简单，植物种类独特，生长极为稀疏。群落盖度一般小于10%。在冰缘区石头表面常出现各种地衣。

3.2.8 城镇生态系统

城镇是具有一定规模的工业、交通运输业、商业聚集、人口集中的区域。它与人类社会经济发展密切相关。区域主要城镇有大通县和门源县，城镇生态系统明显不同于其他自然生态系统，出于人们美化环境、休闲娱乐等需要，观赏动植物种类相对集中，绿化的乔灌木树种形成若干绿化基地。城镇生态系统的野生动物种类相对贫乏，多为伴人动物种类，如麻雀、小家鼠等。

3.3 植被类型及其种类组成

3.3.1 植被现状

3.3.1.1 大通河流域

大通河流域地处青藏高原东北部的祁连山地，受其地理位置、地势及气候特征等综合影响，具有复杂多变的生境条件，各主要植被类型分布地段的自然地理因素及其组合的过渡性和区域分异明显，表现为温性、寒温性和高寒三种热量带相互交错。其主要植被类型的群落特征及分布规律，受到毗邻地区植被的明显影响，具有一定区域分异及明显的垂直变化。大通河上游地区地处高寒地区，为流域源头的水源涵养区和天然草地放牧区，天然植被为大面积分布的高寒灌丛、高寒草甸和沼泽草甸。工程区尕大滩至门源盆地为草原及高寒灌丛植被，由于地势宽广，河心滩发育，两岸广布阶地，盆地宽10～16 km，沿河分布有大面积的油菜、青稞等作物，但河南岸山地具有明显的植被垂直分布特点，主要为高寒灌丛和高寒草甸。门源县下游河谷区段，自克图进入仙米峡谷，克图至连城段为基岩峡谷段，河谷深切，岸坡陡峭，呈V形河谷，河谷底宽50～500 m，崖顶高出河谷300～500 m，为森林草原植被，森林在河岸两侧呈斑块状分布，基带为草原植被。植被特点如下。

1）森林植被

以乔木为建群种所构成的植被类型，主要有以下群系类型：

（1）青海云杉针叶林。本区森林主要分布于仙米至互助北山林场的大通河河谷两侧山地，呈片状或零星块状分布，海拔2 000～2 650 m的山地阴坡或半阴坡，常见于沟谷坡面的特定位置；随着海拔升高，片状的森林趋于缩小且疏林化。建群种有青海云杉，形成针叶林。另外部分地段还形成油松、青杆等为建群种的针叶林。林下灌木及草本植物组成以温带分布类型的属种为常见，灌木常见有蔷薇、忍冬、小檗等。群落总盖度达90%以上。

（2）祁连圆柏针叶疏林。本区森林主要分布于仙米至互助北山林场的大通河河谷两侧山地阳坡，呈片状或零星块状分布，海拔2 000～2 650 m。建群种为祁连圆柏。林下灌木及草本植物组成以温带分布类型的属种为常见，灌木常见有小檗等。群落总盖度达80%以上。

（3）山杨白桦落叶阔叶林。主要分布于仙米至互助北山林场的大通河河谷两侧山地及其支流两侧海拔2 000～2 800 m的山地阴坡或半阴坡，多为片状或零星块状分布，主要建群种有山杨、白桦等。林下灌木及草本植物组成以温带分布类型的属种为常见，灌木常见有忍冬、小檗、蔷薇等。群落总盖度达90%以上。

2）灌丛植被

以灌木为优势种所组成的植物群落类型，主要有以下群系类型：

（1）山生柳、金露梅、鬼箭锦鸡儿高寒灌丛。主要分布在大坂山至互助北山一带海拔2 900～3 600 m的山地阴坡或半阴坡，多呈片状分布。土壤为灌丛草甸土。群落优势种以山生柳、金露梅、鬼箭锦鸡儿等为主，伴生植物有早熟禾、垂穗披碱草、羊茅、黄芪、风毛菊等。群落总盖度75%～95%。

（2）头花杜鹃、百里香杜鹃高寒灌丛。主要分布在大坂山至互助北山一带海拔2 900～3 600 m的山地阴坡，多呈片状分布。土壤为灌丛草甸土。群落优势种以头花杜鹃、百里香杜鹃等为主，伴生植物有早熟禾、羊茅、黄芪、风毛菊等。群落总盖度一般在90%以上。

（3）金露梅高寒灌丛。主要分布在大坂山海拔2 900～3 400 m的山地或缓坡滩地，多呈片状分布。土壤为灌丛草甸土。群落优势种以金露梅等为主，伴生植物有垂穗披碱草、早熟禾、羊茅、毛茛、风毛菊等。群落总盖度70%～95%。

3）草原植被

由旱生或中生的多年生草本植物组成的群落类型，主要类型为针茅、早熟禾草原，分布于工程区一带河谷滩地和山地阳坡，海拔为 2 500 ~ 3 000 m。土壤为栗钙土。群落优势种以针茅、早熟禾等为主，伴生植物有羊茅、冰草、赖草、黄芪、风毛菊、蒿等。群落总盖度 35% ~55%。

4）高寒草甸与沼泽草甸植被

由多年生中生草本植物组成的群落类型，主要有以下群系类型：

（1）苔草、嵩草高寒草甸。即以苔草和嵩草等青藏高原地区典型高寒草甸为优势种所组成的群落类型。主要分布于大坂山高山区以及大通河源区，海拔一般为 3 000 ~ 4 000 m，草本层主要植物有各类嵩草及苔草等优势种，伴生植物有头花蓼、火绒草、风毛菊、高山唐松草、麻花艽、毛茛等。植物种类组成相对丰富。一般丰富度指数为 18 ~ 26。植物群落生产力为中等水平，地上生物量一般为 900 ~ 1 500 kg/hm^2（鲜重）。植被群落总盖度 70% ~95%。物种多样性指数（Shannon - Wiener 指数）1.78 ~ 2.20。

（2）西藏嵩草高寒沼泽草甸。主要分布于海拔 3 400 ~ 3 900 m 的大通河源滞水滩地以及河流两旁的低洼滩地。多为片状分布，与高寒草甸呈复合镶嵌状态。西藏嵩草为优势种。伴生植物有黑褐苔草、发草、斑唇马先蒿、云生毛茛、三脉梅花草、三裂叶碱毛茛等。由于气候寒冷，土层下部常见有永冻层或季节性冻土层，融冻作用常形成半球形的草丘，丘间有时积水，西藏嵩草常丛生于突起的草丘上或草丘的周围。丘间季节性积水洼地则多为其他沼泽草甸植物，群落总盖度为 80% ~90%，优势种分盖度 45% ~75%。

5）栽培植被

栽培植被是人类经济活动的产物，主要类型为油菜、青稞栽培植被，分布于大通河谷滩地如门源地区，以旱地为主。主要种植耐寒性强的作物品种，如小油菜、青稞等。种植作物的生长发育期短，如青稞的生育期为 110 d 左右，苗期可忍受 -10 ℃的低温，在乳熟期仍能抵御 -1 ℃的寒冷。农作物产量较低，一般油菜产量 100 ~ 175 kg/亩，青稞 200 ~ 250 kg/亩等。

3.3.1.2 湟水流域

受其地理位置、气候特征、地形地貌及土壤状况等的综合影响，具有复杂多变的生境类型，其主要植被类型及群落特征受到黄土高原和青藏高原交错区植被的明显影响。流域内植被随地形、海拔、气候、成土母岩的综合影响而有比较明显的差异，除已开发耕地外，多为荒山秃岭，植被以草原或荒漠化草原为主，群落盖度为 25% ~45%；脑山地区是全流域植被最好的地区，除分布有部分森林外，还有广阔的灌丛草甸和草原草甸植被类型，植被盖度达 60% 以上。总体而言，植被具有黄土高原与青藏高原植被的过渡特征，主要植被类型有森林、温性灌丛、草原和草甸等各类植被类型。其植被类型及其特征简述如下。

1）森林植被

以乔木为建群种所构成的植被类型，主要有以下群系类型：

（1）青海云杉针叶林。本类型集中分布于黑泉水库山地阴坡，呈片状或零星块状分布，海拔 2 000 ~ 2 800 m 的山地阴坡或半阴坡，常见于山地的特定位置；随着海拔升高，片状的森林趋于缩小且疏林化。建群种为青海云杉。林下灌木及草本植物组成以温带分布类型的属种为常见，灌木常见有蔷薇、忍冬、小檗等。群落总盖度达90%以上。

（2）山杨、白桦落叶阔叶林。主要分布于本区北川河及其支流两侧海拔2 600～2 900 m山地阴坡或半阴坡，多为片状或零星块状分布，主要建群种有山杨、白桦等。林下灌木及草本植物组成以温带分布类型的属种为常见，灌木常见有忍冬、小檗、蔷薇等。群落总盖度达90%以上。

2）灌丛植被

以灌木为优势种所组成的植物群落类型，主要有以下群系类型：

（1）小檗、锦鸡儿温性灌丛。主要分布在海拔2 400～3 000 m的山地，多呈斑块状分布。土壤为灌丛草甸土。群落优势种以小檗、短叶锦鸡儿等为主，伴生植物有赖草、早熟禾、羊茅、蒿等。群落总盖度55%～85%。

（2）金露梅高寒灌丛。主要分布在大坂山海拔2 900～3 400 m的山地或缓坡滩地，多呈片状分布。土壤为灌丛草甸土。群落优势种以金露梅等为主，伴生植物有垂穗披碱草、早熟禾、羊茅、毛茛、风毛菊等。群落总盖度70%～95%。

3）草原植被

由旱生或中生的多年生草本植物组成的群落类型，主要类型为长芒草、赖草、蒿草原，分布于湟水流域河谷、山间盆地及山前地带，海拔为2 000～2 800 m。土壤为栗钙土。群落优势种以长芒草、赖草、蒿等为主，伴生植物有羊茅、冰草、黄芪、风毛菊等。群落总盖度25%～45%。

4）草甸植被

由多年生中生草本植物组成的群落类型，主要有以下群系类型：

（1）苔草、杂类草草甸。即以苔草和杂类草等为优势种所组成的群落类型。主要分布于河谷滩地和坡地，海拔一般为3 000～3 900 m，草本层主要植物有苔草、披碱草、毛茛等。植物种类组成相对丰富。一般丰富度指数为16～23。植物群落生产力为中等水平，地上生物量一般为800～1 200 kg/hm^2（鲜重）。植被群落总盖度60%～90%。物种多样性指数（Shannon－Wiener指数）1.65～2.00。

（2）苔草、嵩草高寒草甸。即以苔草和嵩草等青藏高原地区典型高寒草甸为优势种所组成的群落类型。主要分布于研究区域大坂山高山湿润地区，海拔一般为3 200～4 000 m，草本层主要植物有嵩草、苔草、头花蓼、珠芽蓼、火绒草、风毛菊、高山唐松草、麻花艽、毛茛等。植物种类组成相对丰富。一般丰富度指数为18～26。植物群落生产力为中等水平，地上生物量一般为900～1 500 kg/hm^2（鲜重）。植被群落总盖度70%～95%。物种多样性指数（Shannon－Wiener指数）1.78～2.20。

5）河谷湿地植被

仅见于湟水流域平安段河道静水滩地，面积极小。植物种类组成以湿生、湿中生植物为主，本区常见优势种有芦苇。伴生植物有水麦冬、云生毛茛、荸荠、眼子菜、杉叶藻等。群落总盖度为60%～80%。根据调查，部分废弃河滩地经自然演替可形成该类型。

6）栽培植被

栽培植被是人类经济活动的产物，主要有以下群系类型：

（1）春小麦、油菜、马铃薯栽培植被。主要分布于湟水谷地已垦农田，水浇地和旱地均有。以一年一熟的作物为主，如春小麦、小油菜、马铃薯等。农作物产量相对较低，一般油菜产量 90 ~ 150 kg/亩，春小麦 250 ~ 400 kg/亩，马铃薯 1 750 ~ 3 000 kg/亩等。

（2）油菜、青稞栽培植被。主要分布于湟水上游农田，以旱地为主。主要种植耐寒性强的作物品种，如小油菜、青稞等。种植作物的生长发育期短，如青稞的生育期为 110 d 左右，苗期可忍受 -10 ℃的低温，在乳熟期仍能抵御 -1 ℃的寒冷。农作物产量较低，一般油菜产量 100 ~ 175 kg/亩，青稞 200 ~ 250 kg/亩等。

3.3.2 工程影响区域植被类型及其种类组成

湟水流域地处青藏高原与黄土高原的过渡地带，受其地理位置、气候特征、地形地貌及土壤状况等的综合影响，具有复杂多变的生境类型，主要植被类型有森林、灌丛、草原和草甸等，具有黄土高原与青藏高原植被的过渡特征。选取大通河干流和湟水干流 3 km 缓冲区、输水路线两侧 0.5 km 作为陆生生态重点研究范围。

3.3.2.1 重点研究区域植被类型

重点研究区内乔灌木有 76 科 103 属 200 余种，草本植物有 48 科 197 属 396 种，无国家级和省级重点保护野生植物分布。

工程进口区位于青海省门源县青石嘴镇，属大通河上中游交界地带，地势宽广，河心滩发育，两岸广布阶地。区域主要植被为草原以及高寒灌丛，右岸山地主要为高寒灌丛和高寒草甸。区域属门源盆地，沿河分布有大面积的油菜和青稞等耐寒性强的农业作物。

工程出口区位于大通县宝库乡，在北川河及其支流两侧海拔 2 000 ~ 2 900 m 的山地阴坡或半坡地，片状或零星块状分布有森林植被；河谷滩地和坡地主要分布有苔草、杂类草草甸植被；在海拔 2 400 ~ 3 400 m 的山地或坡滩地有斑块状分布的小檗、锦鸡儿温性灌丛，以及呈片状分布的金露梅高寒灌丛。引水隧洞穿越的大坂山高山湿润地区主要分布有苔草和蒿草等青藏高原地区典型高寒草甸。

根据 2008 年 30 m 分辨率的 TM 数据解译结果，大通河植被类型的分布以低密度草地（520.76 km^2，33.38%）、灌丛（252.50 km^2，16.19%）与草地（221.15 km^2，14.18%）为主，同时农业植被、高密度草地和稀疏草地的分布都接近缓冲带面积的 10%。而湟水干流区域以稀疏草地（621.77 km^2，35.94%）、低密度草地（361.06 km^2，20.87%）、农业植被（321.29 km^2，18.57%）与草地（200.19 km^2，11.57%）为主，见表 3-3。

表 3-3 重点研究区 2008 年植被类型面积统计

区域	类型	稀疏草地	低密度草地	草地	高密度草地	农业植被	灌丛	林地	河滩地	裸地	水域	合计
大通河 3 km 缓冲区	面积（km^2）	142.54	520.76	221.15	154.60	154.68	252.5	45.11	5.69	19.67	43.33	1 560.03
	比例（%）	9.14	33.38	14.18	9.91	9.92	16.19	2.89	0.36	1.26	2.78	100
湟水 3 km 缓冲区	面积（km^2）	621.77	361.06	200.19	74.91	321.29	21.87	0.11	0	102.35	26.47	1 730.02
	比例（%）	35.94	20.87	11.57	4.33	18.57	1.26	0.01	0	5.92	1.53	100

3.3.2.2 植被样方调查

1)调查时间、范围、方法

调查时间:2008 年 9 月 24 ~25 日。

调查范围:引水枢纽及隧洞进口施工区、弃渣场、料场、施工支洞、库区淹没区;引水隧洞通风竖井区域;引水隧洞出口施工区、施工场地附近及弃渣场;大通河引水枢纽下游 50 km范围内河滩地。

样方数目及大小:调查样地选择植物生长均匀、微地形差异较小、集中连片分布的群落,分别进行取样。调查共分 13 个样地(样地分布及基本情况见表 3-4),43 个样方,其中 27 个草本,16 个灌木,草本样方大小为 1 m×1 m,灌木样方大小为 5 m×5 m。

表 3-4 植被调查样线分布及基本情况

样地号	经纬度	高程(m)	地点及植被特征描述
1	N37°27′45.1″,E107°23′00.6″	2 954	该地点位于引水枢纽下游,大通河左岸河滩地,此处为进口施工区的砂石料场,地表基本被破坏,该样地样方调查的主要为次生植被。植物主要为草本和少量灌丛。河漫滩自然恢复群落
2	基本同 1	基本同 1	基本同 1
3	N37°27′44.4″,E101°22′59.4″	2 947	该样地位置与样地 1 接近,略向下游走了一点植被情况比样地 1 略好、数量略多(当时做了 3 个样方,其中有一个植被情况较好,能反映破坏前的天然状态)。河漫滩自然回复落叶林
4	N37°28′2.2″,E101°21′50″	2 963	该样地位置位于引水枢纽下游约 1 km,大通河右岸施工营地附近原生植被,植被滩地草甸,主要为草本植物
5	N37°28′16.2″,E101°21′41.6″	2 960	下游围堰附近河心处一块植被非常好的区域,主要植被为较高的沙棘和水柏枝灌丛
6	N37°28′6.5″,E101°22′3.8″	2 961	该样地位置在引水枢纽下游 1 ~1.5 km,大通河右岸和滩地。大通河下游水量减小后影响区沙棘灌丛
7	N37°17′31.1″,E101°57′11.8″	2 683	引水枢纽下游约 50 km,大通河左岸河滩地,位于仙米电站上游东川镇麻当村,植被为灌丛和草原
8	N37°20′25.9″,E101°47′4.8″	2 756	引水枢纽下游约 40 km 处,大通河左岸河滩地东川桥上游 3 km 处河心洲水柏枝 + 山生柳灌丛。植被为灌丛和草原
9	N37°21′31.6″,E101°36′51.7″	2 831	引水枢纽下游约 30 km 处,大通河右岸,门源县浩迈大桥下沙棘灌丛
10	N37°23′2.5″,E101°22′48.5″	3 290	该样地距引水隧洞进口 9.8 km,距隧洞出口约 14.3 km,在引水隧洞的通风竖井附近,植被覆盖良好,附近山坡上的植被覆盖情况基本相同,通风竖井周围金露梅 + 绣线菊灌丛

续表 3-4

样地号	经纬度	高程(m)	地点及植被特征描述
11	N37°15′9.4″,E101°24′48.1″	2 942	宝库河左岸、引水隧洞出口施工区堆料厂附近,植被主要为滩地草甸
12	N37°15′11.3″,E101°25′0.3″	2 946	宝库河左岸河漫滩渣场附近,植被为草本
13	N37°14′42.6″,E101°27′35.2″	2 907	黑泉水库上游,灌木为主

调查样点设置原则:根据植被类型,垂直分布带,结合工程布置进行设置。研究为调查工程施工对植被类型、生物量损失等的影响,进行野外生态调查,按照引水枢纽及进口施工区、隧洞出口施工区、引水隧洞洞身的路线进行样地路线布置,与工程路线吻合。考虑到工程运行对大通河引水枢纽下游植被的影响,在引水枢纽下游布点进行样方调查。

调查指标:样方调查记录植物种类组成、种群的物候期,每个种的分盖度、株高和生物量,以及海拔等环境因子。

生物量调查方法如下:

灌木采用收获法实测,将地上植株剪下,分别称取各器官鲜重,并取样带回,经清洗、烘干至恒重,得到地上部分生物量。

草本采用收获法实测,将地上植株剪下,分类称取鲜重,并取样带回,经清洗、烘干至恒重,得到地上部分生物量。

农田植物,由于农业生产属经济类产品,无法直接用生物量来衡量,本次调查采用现场调查法和统计资料分析法结合进行。

2)调查结果

根据工程区植被生态样方调查,工程区主要植被类型及其特征如下(具体调查数据见表 3-5):

(1)引水隧洞出口区植被。共有 4 大类型:温性灌丛、温性草原、滩地草甸与栽培植被(旱作作物)。

温性灌丛:主要分布在引水隧洞出口区海拔 2 400 ~ 2 900 m 的山地,多呈斑块状分布。土壤为灌丛草甸土。群落总盖度 55% ~ 85%。物种丰富度指数为 13,物种多样性指数 Shannon – Wiener 指数 H' = 2.361,植被状况良好。

温性草原:主要分布于隧洞出口区坡地和阳坡山地,海拔为 2 400 ~ 2 900 m。土壤为栗钙土。群落总盖度 25% ~ 45%。物种丰富度指数为 17,物种多样性指数 Shannon – Wiener 指数 H' = 2.638,地形相对良好区域多开垦为旱作耕地。

滩地草甸:即以苔草和杂类草等为优势种所组成的群落类型。主要分布于隧道出水出口区的宝库河上游河谷滩地,海拔一般为 2 300 ~ 2 700 m,植物种类组成相对丰富。一般丰富度指数为 16 ~ 23。植物群落生产力为中等水平。植被群落总盖度 60% ~ 90%。物种丰富度指数为 17,物种多样性指数 Shannon – Wiener 指数 H' = 2.417。从实地调查看,植被退化十分严重。

栽培植被:主要分布于隧洞出口区的宝库乡纳拉村和达板口村的低缓坡与河谷地已

表 3-5　工程区主要植被类型样方调查结果

典型样方分布		植被类型	群落优势种	群落总盖度(%)	多样性指数	生物量(t/hm^2)	分布
隧洞出口	临时堆料场附近宝库河河漫滩地:2 个草本 砂料生产区附近宝库河河漫滩地:2 个草本 黑泉水库上游宝库河河漫滩地:2 个草本,2 个灌木	温性灌丛	小檗 + 短叶锦鸡儿	55 ~ 85	2. 361	18 ~ 28	主要分布在隧洞出口区海拔 2 400 ~ 2 900 m 的山地,多呈斑块状分布
		温性草原	长芒草 + 赖草 + 蒿群落	25 ~ 45	2. 638	4. 1	主要分布于隧洞出口区坡地和阳坡山地
		滩地草甸	苔草 + 披碱草	60 ~ 90	2. 417	0. 8 ~ 1. 2	主要分布于隧洞出口区的宝库河上游河谷滩地
		栽培植被	油菜和青稞作物	—	—	3. 75	主要分布于隧洞出口区的宝库乡纳拉村和达板口村的低缓坡与河谷地已垦农田,多为旱作耕地
隧洞进口	料场次生草本植物样方:3 个草本,2 个灌木 料场灌木及草本样方:3 个草本,2 个灌木 料场附近天然植被较好区域:3 个草本 营地附近山坡:2 个草本 下游围堰附近河心处植被非常好区域:2 个草本,2 个灌木	河谷灌丛	沙棘 + 水柏枝 + 柳群落	65 ~ 90	2. 493	20 ~ 28	引水工程区上下游海拔 2 900 ~ 3 100m 的大通河砂砾质河谷滩地,多呈条带状分布
		高寒灌丛	山生柳 + 鬼箭锦鸡儿 + 金露梅	75 ~ 95	2. 754	20 ~ 28	分布于引水工程区大坂山北坡或缓坡滩地
		温性草原	针茅 + 早熟禾	25 ~ 45	2. 638	4. 1	主要分布于本区河谷滩地和山地阳坡,海拔为 2 500 ~ 2 900 m
		栽培植物	油菜和青稞作物	—	—	3. 75	主要分布于枢纽库区淹没带的低缓坡与河谷地已垦农田
大通河河滩	引水枢纽下游约 1. 5 km 处:2 个草本,2 个灌木	高寒灌丛	沙棘 + 鬼箭锦鸡儿 + 山生柳群落	75 ~ 95	2. 754	20 ~ 28	主要分布于大通河引水枢纽下游河滩地,多呈片状分布
	引水枢纽下游约 50 km 处:2 个草本,2 个灌木	草甸植被	苔草 + 嵩草 + 杂类草群落	60 ~ 90	2. 479	0. 9 ~ 1. 5	主要分布于大通河引水枢纽下游,海拔一般为 2 500 ~ 2 700 m
	引水枢纽下游约 30 km 处:2 个草本,2 个灌木	温性草原	长芒草 + 赖草 + 早熟禾 + 蒿群落	25 ~ 45	2. 638	4. 1	主要分布于大通河引水枢纽下游,海拔为 2 500 ~ 2 900 m
隧洞通风竖井	类比	高寒灌丛	山生柳 + 鬼箭锦鸡儿 + 金露梅群落	75 ~ 95	2. 754	20 ~ 28	通风竖井区位于大坂山山地北坡,周边地区属典型的高寒灌丛与高寒草甸,多呈片状或斑块状分布
		草甸植被	嵩草 + 苔草 + 杂类草群落	60 ~ 90	2. 479	0. 8 ~ 1. 2	主要分布于通风竖井区的缓坡区段,海拔一般为 2 700 ~ 2 900 m

垦农田,多为旱作耕地。以一年一熟的作物为主,主要种植耐寒性强的作物品种,如春小麦、小油菜、青稞、马铃薯等。农作物产量相对较低,一般油菜产量 90 ~ 150 kg/亩,春小麦 250 ~ 400 kg/亩,青稞 200 ~ 250 kg/亩,马铃薯 1 750 ~ 3 000 kg/亩等。

(2)引水枢纽及进口施工区植被。共有 5 大类型:河谷灌丛、高寒灌丛、温性草原、草甸植被、栽培植被(旱作作物)。

河谷灌丛:主要分布在引水工程区上下游海拔 2 900 ~ 3 100 m 的大通河砂砾质河谷滩地,多呈条带状分布,生境属砂砾质河谷或滩地。群落总盖度 65% ~ 90%。从调查的情况看,拦水坝的河谷灌丛因库区蓄水将全部消失,非施工区的河谷灌丛水柏枝植被类型生长良好。物种丰富度指数为 17,物种多样性指数 Shannon - Wiener 指数 $H'=2.493$。

河谷灌丛植被:在引水枢纽下游 1 km 处分布有一位于河流中间岛状的河谷灌丛植被,面积为 40 ~ 50 亩,引水枢纽下游约 10 km 河滩地上分布有灌丛植被,面积约 100 亩,海拔 2 800 ~ 2 960 m,生境属砂砾质河谷或滩地,土壤母质多为冲洪积物,成土过程弱,土层较薄或没有明显的表层土壤结构。群落优势种以沙棘、水柏枝、柳等为主,伴生植物有垂穗披碱草、麻花艽、毛茛、凤毛菊等。群落总盖度 65% ~ 90%。

高寒灌丛:主要分布在引水工程区的大坂山海拔 2 900 ~ 3 400 m 的山地北坡或缓坡滩地,多呈片状或斑块状分布。土壤为灌丛草甸土。群落总盖度 75% ~ 95%。物种丰富度指数为 32,物种多样性指数 Shannon - Wiener 指数 $H'=2.754$。植被现状总体良好。

温性草原:主要分布于隧道引水口区坡地,海拔为 2 500 ~ 2 900 m。土壤为栗钙土。群落总盖度 25% ~ 45%。地形相对良好区域多开垦为旱作耕地,如淹没区周边的耕地原生植被类型均属温性草原。植被盖度与植物生长现况基本良好,物种丰富度指数为 17,物种多样性指数 Shannon - Wiener 指数 $H'=2.638$,部分区段有一定退化现象。

草甸植被:即以苔草、嵩草和杂类草等为优势种所组成的群落类型。主要分布于隧道引水口区的山地阴坡与河谷滩地,海拔一般为 2 500 ~ 2 700 m,植物群落生产力为中等水平。植被群落总盖度 60% ~ 90%。从实地调查看,草地植被有一定退化。

栽培植被:主要分布于枢纽及进口施工区、库区淹没带的低缓坡与河谷地已垦农田,多为旱作耕地。作物生长状况良好。在隧道引水区开挖面旱作坡地受到一定影响,淹没区部分农田受到淹没。

(3)大通河引水枢纽下游河段植被。共有 3 大类型:高寒灌丛、草甸植被、温性草原。

高寒灌丛:主要分布在大通河引水枢纽下游河滩地,靠近河水,呈片状分布。群落总盖度 75% ~ 95%。物种丰富度指数为 32,物种多样性指数 Shannon - Wiener 指数 $H'=2.754$。植被现状总体良好。

草甸植被:以苔草、嵩草和杂类草等为优势种所组成的群落类型。海拔一般为 2 500 ~ 2 700 m,植物群落生产力为中等水平。

温性草原:以垂水披碱草、早熟禾和赖草等为优势种所组成的群落类型,海拔为2 500 ~ 2 900 m。

(4)隧道通风竖井区植被(可代表隧洞洞身沿线植被)。共有两大类型:高寒灌丛与草甸植被。

高寒灌丛:通风竖井区位于大坂山山地北坡,植被现状总体良好。通风竖井区施工对该类型影响主要是地表开挖与弃土。

草甸植被:即以嵩草、苔草和杂类草等为优势种所组成的群落类型。主要分布于通风竖井区的缓坡区段,从实地调查看,草甸植被总体状况较好。

3.4 土地利用/土地覆被调查

3.4.1 区域土地利用/土地覆被调查

调查范围为湟水干流区与大通河流域的中下游地区,其土地利用/土地覆被以遥感调查为主,辅以地面调查。遥感数据源于 TM 影像(131 – 35 – 20080725,132 – 34 – 20080817,132 – 35 – 20080817),分辨率为 30 m 的多光谱数据。

根据 2008 年 TM 数据解译结果,区域土地利用类型草地面积占绝对优势,占土地总面积的 83.69%,草地中以低密度草地为主;其次是稀疏灌丛和耕地,分别占土地总面积的 5.17%、5.09%;项目区裸地也占有一定比例,其他土地利用方式所占比例很小。

3.4.1.1 大通河流域土地利用现状

大通河流域草地占绝对优势,占土地总面积的 81.67%,其次为灌丛,占总面积的 8.85%,耕地和裸地也占一定比例,其他土地利用类型所占比例均较低,见表 3-6。

表 3-6 大通河流域土地利用现状

<table>
<tr><th colspan="2">土地类型</th><th>面积(km^2)</th><th colspan="2">比例(%)</th></tr>
<tr><td rowspan="4">草地</td><td>稀疏草地</td><td>752.74</td><td>8.66</td><td rowspan="4">81.67</td></tr>
<tr><td>低密度草地</td><td>3 768.30</td><td>43.35</td></tr>
<tr><td>草地</td><td>1 147.06</td><td>13.19</td></tr>
<tr><td>高密度草地</td><td>1 431.52</td><td>16.47</td></tr>
<tr><td colspan="2">耕地</td><td>344.06</td><td colspan="2">3.95</td></tr>
<tr><td colspan="2">灌丛</td><td>769.07</td><td colspan="2">8.85</td></tr>
<tr><td colspan="2">林地</td><td>77.04</td><td colspan="2">0.89</td></tr>
<tr><td colspan="2">裸地</td><td>293.60</td><td colspan="2">3.38</td></tr>
<tr><td colspan="2">冰川及永久积雪</td><td>51.68</td><td colspan="2">0.59</td></tr>
<tr><td colspan="2">水域</td><td>43.90</td><td colspan="2">0.50</td></tr>
<tr><td colspan="2">居民点及工矿用地等</td><td>14.41</td><td colspan="2">0.17</td></tr>
<tr><td colspan="2">总计</td><td>8 693.38</td><td colspan="2">100</td></tr>
</table>

3.4.1.2 湟水干流区土地利用现状

湟水干流区也以草地占绝对优势,其次为裸地和耕地,见表 3-7。由于湟水流域社会经济相对大通河流域发达,人类活动较多,因此流域内耕地、裸地、居民点及工矿用地面积和所占比例均较大通河流域高。

表 3-7　湟水干流区域土地利用现状

土地类型		面积(km^2)	比例(%)	
草地	稀疏草地	2 696.59	19.27	86.04
	低密度草地	5 108.78	36.50	
	草地	3 115.78	22.26	
	高密度草地	1 120.85	8.01	
耕地		655.79	4.69	
灌丛		404.02	2.89	
林地		5.41	0.04	
裸地		755.76	5.39	
冰川及永久积雪		0.05	≈0	
水域		31.38	0.22	
居民点及工矿用地等		101.52	0.73	
总计		13 995.93	100	

3.4.2　重点研究区域土地利用/土地覆被

重点研究区域土地利用现状情况见图 3-1。

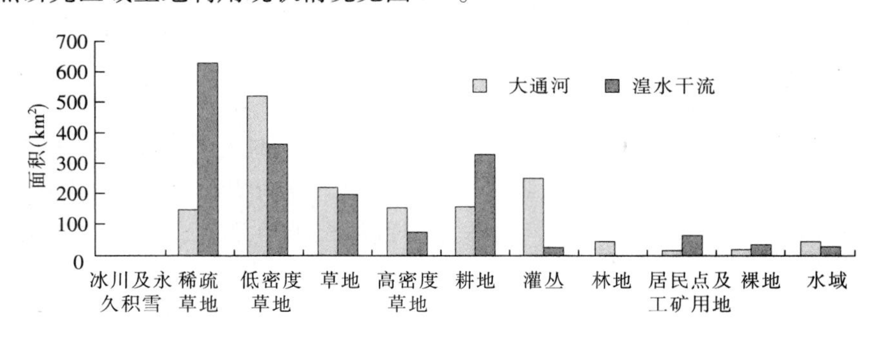

图 3-1　湟水和大通河 3 km 缓冲区土地利用面积对比

3.4.2.1　大通河 3 km 缓冲区土地利用状况

大通河 3 km 缓冲区(1 560.03 km^2)以低密度草地(33.38%)、灌丛(16.19%)与草地(14.18%)为主,同时农业植被和稀疏草地的分布都接近缓冲带面积的 10%,见表 3-8。

3.4.2.2　湟水 3 km 缓冲区土地利用状况

湟水干流 3 km 缓冲区(1 730.02 km^2)土地覆被类型以稀疏草地(35.94%)、低密度草地(20.87%)、耕地(18.57%)与草地(11.57%)为主,耕地所占比例相对大通河较大,见表 3-9。

表 3-8　大通河 3 km 缓冲区土地利用类型面积统计

土地利用类型	稀疏草地	低密度草地	草地	高密度草地	耕地	灌丛	林地	居民点及工矿用地	裸地	水域	合计
面积(km^2)	142.54	520.76	221.15	182.64	126.63	252.5	45.11	12.87	12.49	43.33	1 560.03
所占比例(%)	9.14	33.38	14.18	11.71	8.12	16.19	2.89	0.83	0.80	2.78	100

表 3-9　湟水 3 km 缓冲区土地利用类型面积统计表

土地利用类型	稀疏草地	低密度草地	草地	高密度草地	耕地	灌丛	林地	居民点及工矿用地	裸地	水域	合计
面积(km^2)	621.77	361.06	200.19	74.91	321.29	21.87	0.11	63.09	39.25	26.47	1 730.02
所占比例(%)	35.94	20.87	11.57	4.33	18.57	1.26	0.01	3.65	2.27	1.53	100

3.5　区域生态完整性分析

调水总干渠地处青藏高原东北部的祁连山地，为我国青藏高原与黄土高原的过渡地带，海拔的垂直变化明显，其地貌类型丰富、气候环境多样、生境变化复杂，尽管生态环境脆弱，但长期的历史演替形成了该区域相对稳定的生态系统类型，发挥着独特的生态功能。由于生态完整性是反映众多生态因子相辅相成、相互依存和相互制约下生态系统的综合能力状况，在现有的科学理论和技术条件下，准确测定十分困难，但在景观生态学的支持下，应用系统的生产能力和稳定状况指标，可以较好地反映生态完整性状况。

3.5.1　区域本底生产力分析

陆域自然体系本底的生产力是指由自然体系在未受任何人为干扰情况下的生产力，可通过测量当地的净第一性生产力(*NPP*)来衡量。本研究采用了周广胜、张新时根据水热平衡联系方程及生物生理生态特征而建立的自然植被净第一性生产力模型，表达式如下：

$$NPP = RDI^2 \frac{r(1 + RDI + RDI^2)}{(1 + RDI)(1 + RDI^2)} \text{EXP}(-\sqrt{9.87 + 6.25RDI})$$

$$RDI = (0.629 + 0.237PER - 0.003\,13PER^2)^2$$

$$PER = PET/r = BT \times 58.93/r$$

$$BT = \sum t/365 \text{ 或 } T/12$$

式中　*RDI*——辐射干燥度；

r——年降水量，mm；

NPP——自然植被净第一性生产力，t/($hm^2 \cdot a$)；

PER——可能蒸散率，mm；

PET——年可能蒸散率,mm;

BT——年平均生物温度,℃;

t——小于 30 ℃与大于 0 ℃的日均值;

T——小于 30 ℃与大于 0 ℃的月均值。

根据气象统计资料,区域降水量 400～800 mm,生物温度在 2 300～3 500 ℃范围内,区域自然植被本底净第一性生产力预测结果见表 3-10。

表 3-10　区域自然植被本底净第一性生产力

降水量(mm)	生物积温(℃)	净第一性生产力(t/(hm² · a))
400	2 300	3. 989 906 4
500	2 300	4. 425 020 8
600	2 300	4. 854 116 7
700	2 300	5. 283 642 4
800	2 300	5. 715 164 2
400	2 800	4. 459 639 3
500	2 800	4. 914 942 8
600	2 800	5. 349 552 3
700	2 800	5. 778 863 9
800	2 800	6. 207 911 4
400	3 500	5. 061 786 7
500	3 500	5. 574 549 1
600	3 500	6. 032 969 6
700	3 500	6. 471 055 5
800	3 500	6. 901 887 2

据表 3-10 计算结果可看出,区域自然系统本底的自然植被净第一性生产力在398. 99～690. 19 g/(m^2 · a)(1. 09～1. 89 g/(m^2 · d))。奥德姆(Odum,1959)将地球上生态系统按总生产力的高低划分为最低(小于 0. 5 g/(m^2 · d))、较低(0. 5～3. 0 g/(m^2 · d))、较高(3～10 g/(m^2 · d))、最高(10～20 g/(m^2 · d))四个等级,该地域自然生态系统属于较低的生产力水平。

3. 5. 2　区域自然植被平均初级生产力

利用 landsat 卫星解译的土地利用和植被分布结果,根据区域主要植被群落生物量实测值,参考各类生态系统的净初级生产量估算结果(蔡晓明、尚玉昌,普通生态学),计算区域实际初级生产力为 482 g/(m^2 · a),低于该地区本底值 491 g/(m^2 · a),说明研究区域人类活动对自然体系的生产力存在一定干扰,但自然等级的性质未发生根本改变,自然系统具有一定的恢复和控制能力。

3. 5. 3　生态完整性评价

(1)区域自然生态系统的净第一性生产力属于较低的水平,但仍维持在区域本底所具有的生产力水平内,自然系统等级没有发生质的变化。

(2)尽管区域生物组分的异质化程度较高,但由于生物量较高的植被所占的比例较小,本区域生态系统的恢复稳定性较差,区域生态环境脆弱,一旦受到破坏,恢复或重组期将很长。

(3)目前越来越多的人类活动已对区域生态完整性造成一定的不利影响。

3.6 野生动物现状

根据历史资料记载,门源县、大通县分布的野生动物主要有兽类26种,鸟类20余种。其中,有雪豹、雪鸡、白唇鹿等3种国家一级重点保护野生动物和马麝、马鹿、蓝马鸡等7种国家二级重点保护野生动物,保护动物主要栖息在海拔3 500 m以上的高山地带,其中雪豹、雪鸡栖息地海拔在4 800 m以上。

本工程所在位置海拔在3 000 m左右,人类活动干扰多,引水枢纽及隧洞进口施工区距青石嘴镇仅4.7 km,附近分布有上吊沟村、上铁迈村、尕大滩村等村落,人类生产、生活活动频繁;隧洞出口施工区邻近大通县纳拉村和大坂口村,周围分布有村居、农田,且有宁张公路(国道)经过,车辆往来频繁;通风竖井位于铁迈煤矿简易公路旁,该公路经常有车辆通过。经现场调查,工程施工影响区域野生动物主要有旱獭、野兔和小型啮齿类、鸟类,无国家级保护野生动物活动。

3.7 水生生态现状调查

3.7.1 调查内容及调查方法

3.7.1.1 调查范围

大通河调查范围:考虑到调查河段有洄游性鱼类存在,重点调查了由引水枢纽坝址上游30 km至引水枢纽下游约50 km第一座水电站仙米电站处,共计80 km的河段,该区域采取现场监测进行调查,其余河段采用资料收集和实地走访的方法进行调查。

宝库河调查范围:上游由引水隧洞出水入宝库河处上延至宝库河上游30 km处,下游由引水隧洞出水入宝库河处下至黑泉水库坝址,约50 km。

湟水干流调查范围:西宁以下约174 km河段水域,采取资料收集法进行调查。

3.7.1.2 调查时间

第一期:大通河调查时间为2008年10月10~13日,历时4天;宝库河调查时间为2008年10月13日、14日、26日,历时3天。

第二期:大通河调查时间为2009年4月22~24日,历时3天;宝库河调查时间为2009年4月16日,历时1天。

3.7.1.3 调查点位布设

根据野外调查时当地的交通等实际条件,共设了7个断面,其中大通河3个、宝库河4个,见表3-11。

表 3-11　青海省引大济湟调水总干渠水生生物调查断面设置

河流	编号	监测断面	地理坐标及高程
大通河	1	引水枢纽坝址上游 30 km 处	N37°35.557′、E101°08.678′、*H*3 108 m
	2	引水枢纽坝址	N37°28.311′、E101°21.752′、*H*2 947 m
	3	仙米电站回水(引水枢纽坝址下游 50 km 处)	N37°15.351′、E101°59.411′、*H*2 666 m
宝库河	4	引水枢纽出口	N37°15.135′、E101°24.999′、*H*2 930 m
	5	月牙台	N37°14.680′、E101°27.765′、*H*2 901 m
	6	黑泉水库	N37°14.412′、E101°28.602′、*H*2 875 m
	7	巴彦	N37°16.552′、E101°17.820′、*H*3 083 m

3.7.1.4　调查内容及调查方法

在 7 个采样点和断面均进行了水生生物样品采集与渔获物调查,黑泉水库重点进行了渔业资源现状调查(见表 3-12)。

表 3-12　青海省引大济湟调水总干渠水生生物调查内容

序号	调查对象	调查内容	
1	水体理化因子	水温、溶解氧、pH 值	
2	浮游生物、底栖生物、水生维管束植物	定性、定量采集	
3	鱼类	鱼类种类、区系组成	鱼类种类组成、地理分布、生境特征等
		产卵场、索饵场和越冬场	繁殖时间、场所、栖息地等

鱼类调查采取实地捕获方法,使用的网具为胶丝单层刺网、胶丝三层刺网、定置网,脉冲捕鱼仪等,下网时间为下午 5 时左右,次日早晨 8 时收网,所得渔获物一部分现场用 10% 的福尔马林或无水乙醇进行固定保存,一部分活体运输到西宁暂养。

3.7.2　水生生物现状调查结果

3.7.2.1　调水河流

1)鱼类调查评价结果

a. 鱼类资源

(1)鱼类种类。

根据《中国动物志鲤形目》(中、下卷)、《青藏高原鱼类》、《中国条鳅志》、《青海经济动物志》、《中国淡水鱼类检索》、《青海省渔业资源和渔业区划》等的文献记载,结合 2007 年至 2008 年在大通河和黑泉水库的现场鱼类调查,湟水水系有鱼类 26 种,隶属于 3 目 6 科 20 属(见附录 2)。

调水河流大通河为湟水一级支流,在 2007 ~2009 年捕获到鱼类 10 种,分别是拟鲇高原鳅、厚唇裸重唇鱼、花斑裸鲤、黄河裸裂尻鱼、甘肃高原鳅、黄河高原鳅、拟硬刺高原鳅、斯氏高原鳅、东方高原鳅、硬刺高原鳅。2008 年 10 月现场采集鱼类标本 52 尾,有 4 种,即拟鲇高原鳅、厚唇裸重唇鱼、黄河裸裂尻鱼、甘肃高原鳅。2009 年 4 月现场采集鱼类标本

56 尾，有 8 种，没有发现外来种。

(2)渔获物统计。

大通河流域2008 年10 月共捕获鱼类52 尾，总质量5 998. 02 g，均为土著鱼类。鲤科鱼类41 尾，均为裂腹鱼亚科鱼类，占总尾数的78. 85%，占总质量的92. 26%；鳅科鱼类11尾，均为高原鳅属鱼类，占总尾数的21. 15%，占总质量的7. 74%(见表3-13)。

表3-13　大通河渔获物统计(2008 年10 月)

项目	厚唇裸重唇鱼	黄河裸裂尻鱼	甘肃高原鳅	拟鲇高原鳅
尾数	17	24	4	7
占总尾数(%)	32. 69	46. 16	7. 69	13. 46
质量(g)	3 540. 00	1 994. 00	1. 23	462. 79
占总质量(%)	59. 02	33. 24	0. 02	7. 72
雌(尾)	17	15	4	6
雄(尾)	0	9	0	1
体长范围(mm)	118. 0 ~ 407. 0	117. 0 ~ 256. 0	33. 0 ~ 72. 0	195. 0 ~ 383. 0
平均体长(mm)	220. 4	171. 9	48. 5	314. 3
体重范围(g)	25. 0 ~ 821. 0	20. 5 ~ 300. 5	0. 2 ~ 4. 0	59. 0 ~ 689. 0
平均体重(g)	196. 7	83. 1	1. 2	462. 8

2009 年4 月共捕获鱼类46 尾，总质量4 978 g，均为土著鱼类。检到鲤科鱼类19 尾，质量2 016 g，均为裂腹鱼亚科鱼类，占总尾数的41. 30%，占总质量的40. 50%；鳅科鱼类27 尾，质量2 962 g，均为高原鳅属鱼类，占总尾数的58. 70%，占总质量的59. 50%。详见表3-14。

表3-14　大通河渔获物统计(2009 年4 月)

项目	厚唇裸重唇鱼	黄河裸裂尻鱼	拟鲇高原鳅	黄河高原鳅	拟硬刺高原鳅	斯氏高原鳅	东方高原鳅	硬刺高原鳅
尾数	9	10	16	5	3	1	1	1
占总尾数(%)	19. 56	21. 74	34. 78	10. 87	6. 52	2. 17	2. 17	2. 17
质量(g)	1 068	948	2 863	59. 5	24. 5	7. 0	2. 5	5. 5
占总质量(%)	21. 45	19. 04	57. 63	1. 20	0. 49	0. 14	0. 05	0. 11
雌(尾)	8	3	10	3	3	1	1	0
雄(尾)	1	7	6	1	0	0	0	1
体长范围(mm)	162. 00 ~ 232. 00	150. 0 ~ 225. 00	210. 0 ~ 312. 00	43. 00 ~ 122. 00	74. 00 ~ 96. 00	82. 00	60. 0	74. 00
平均体长(mm)	200. 38	180. 38	230. 30	90. 4	80. 4	82. 00	60. 0	74. 00
体重范围(g)	54. 5 ~ 191	52. 5 ~ 160. 5	91. 5 ~ 406. 5	0. 5 ~ 20. 5	5. 5 ~ 11. 5	7. 0	2. 5	5. 5
平均体重(g)	118. 67	94. 8	178. 94	11. 9	8. 17	7. 0	2. 5	5. 5

b. 土著及濒危鱼类组成

根据资料和现场调查结果，在工程影响区没有发现国家重点保护鱼类。列入《青海省重点保护水生野生动物名录（第一批）》省级重点保护的有拟鲇高原鳅、花斑裸鲤、黄河裸裂尻鱼。拟鲇高原鳅列入《中国濒危动物红皮书》易危动物，拟鲇高原鳅、厚唇裸重唇鱼列入《中国物种红色名录》易危、濒危动物。大通河、宝库河鱼类保护等级详见表3-15。

表3-15　大通河、宝库河鱼类保护等级

序号	鱼类	青海省实施《中华人民共和国渔业法》办法	青海省重点保护水生野生动物名录（第一批）	中国濒危动物红皮书·鱼类	中国物种红色名录
1	拟鲇高原鳅	重点保护	省级	易危	易危
2	厚唇裸重唇鱼				濒危
3	花斑裸鲤	重点保护			
4	黄河裸裂尻鱼	重点保护			

c. 鱼类“三场”

据资料记载，裂腹鱼亚科鱼类繁殖时期是在河流、湖泊化冰后水温升至6～10 ℃时开始。湟水流域常为5月中旬，6月达到产卵高峰，8月结束，产卵场在水流清澈且水流较缓的河滩卵石底或砂砾底处，产卵场条件和产卵时间，因种属不同而有明显差异。其中，拟鲇高原鳅产卵季节在7～8月，卵黏性；厚唇裸重唇鱼在每年河水开冰后即逆河产卵，时间为4～5月，有产卵洄游习性；花斑裸鲤产卵场则在主流是砂砾石底的洄水坑中，卵沉性；黄河裸裂尻鱼产卵场在砾石底质、水流较急的河滩地段，卵沉性。

大通河和宝库河没有进行过鱼类资源调查，没有关于鱼类“三场”的描述。2008年10月调查时，在大通河青石嘴上游13 km处捕获1尾拟鲇高原鳅，体长383.0 mm，性腺发育为Ⅴ期，提起时有游离卵流出，同时又对3尾拟鲇高原鳅进行了解剖，分别为Ⅱ、Ⅲ、Ⅳ期，另在2008年4月，在同一地点仅捕到1尾拟鲇高原鳅，性腺发育为Ⅰ期。2009年4月捕获的拟鲇高原鳅中，性腺发育分别为Ⅱ、Ⅲ、Ⅳ期。此处砂砾石河床，产卵场水深0.5～2 m，为河流中洄水湾深水区域，应为拟鲇高原鳅的产卵场所。另据走访当地人介绍，每年开春消冰后，此处的鱼群密集，数量较多，个体也比较大，主要有黄河裸裂尻鱼、花斑裸鲤（当地人称之为白鱼、湟鱼），网捕上的鱼卵流出（当地人称鱼卵为鱼蛋），有的鱼流有白色精液。

d. 主要鱼类生物学特征

据《青藏高原鱼类》记载，裂腹鱼类繁殖是在河流、湖泊化冰之后即开始。在青海省海拔3 000 m以上的地区，产卵旺季集中于5～6月，低于3 000 m的地区，集中于4～5月，拟鲇高原鳅产卵季节在7～8月。产卵鱼群首先出现在干流或较大支流中。

根据资料和现场调查，裂腹鱼类和条鳅鱼类的卵具黏性、沉性。在调查河段的土著鱼类中没有产漂流性卵的鱼类，所有鱼类均产沉性卵，有些种类鱼卵的黏性较强。

主要鱼类的分布及生态习性见表3-16。

表 3-16 大通河主要鱼类生物学特征

名称	生态习性	生境类型
拟鲇高原鳅	游泳迟缓,常潜伏于底层,以小型鱼类为主要食物,食植物碎屑。每年 7 ~ 8 月产卵,卵黏性	喜栖息于河汊或湖泊进口流缓处
厚唇裸重唇鱼	高原冷水性鱼类,每年河水开冰后即逆河产卵。主要以底栖动物、石蛾、摇蚊幼虫和其他水生昆虫及桡足类、钩虾为食,也摄食水生维管束植物枝叶和藻类。性成熟较慢,4龄左右开始成熟	生活在宽谷江河中,有时也进入附属湖泊
花斑裸鲤	以硅藻眼子菜、桡足类为主要食物,兼食摇蚊幼虫、轮藻、刚毛藻。5 月下旬在河道水深 1 m 左右缓流处,见有花斑裸鲤产卵鱼群。产卵场多卵石、砂砾为底,水温 10 ℃左右,pH 值 7.9 ~ 8.4。卵沉性,卵径 2.4(2.1 ~ 2.5) mm	栖息在宽谷河道或湖泊中
黄河裸裂尻鱼	越冬时潜伏于河岸洞穴或岩石缝隙之中,喜清澈冷水。分布海拔常在 2 000 ~ 4 500 m。以摄食植物性食物为主,常以下颌发达的角质边缘在砾石表面刮取着生藻类和水底植物碎屑,兼食部分水生维管束植物叶片和水生昆虫	栖息于高原地区的黄河上游干支流和湖泊及柴达木水系

e. 鱼类总体评价

青藏高原鱼类主要是中亚高原复合体,采用辛普森多样性指数(Simpson′s diversity index)和香浓 - 威纳多样性指数(Shannon - Wiener index)对大通河捕获的鱼类多样性进行评价,大通河鱼类香浓 - 威纳多样性指数和辛普森多样性指数分别为 1.716 4 和 0.656 3,表明大通河鱼类种群组成单一,以裂腹鱼类和条鳅鱼类为主要成分。鱼类区系具有种类较少、区系组成比较简单等特点。

目前在大通河仙米电站以上鱼类尚有一定的数量,而且能捕捞到个体比较大的拟鲇高原鳅、厚唇裸重唇鱼、花斑裸鲤、黄河裸裂尻鱼,具有产卵繁殖群体。黄河裸裂尻鱼群体最大。

2)浮游植物现状调查评价

a. 浮游植物现状

(1)浮游植物种类组成。

大通河共采集到 4 门 40 种(属)浮游植物,在 1#引水枢纽坝址上游 30 km 处监测断面采集到 23 种、2#引水枢纽坝址 28 种、3#仙米电站回水 30 种(见表 3-17)。

(2)浮游植物数量与生物量(见表 3-18)。

大通河的浮游植物数量在 14.05 万 ~ 81.42 万个/L,平均数量 16.04 万 ~ 60.41 万个/L,均为硅藻门。生物量变幅在 0.380 0 ~ 0.973 5 mg/L,平均生物量 0.457 2 ~ 0.651 3 mg/L,均为硅藻门。

表 3-17　大通河和宝库河浮游植物分布

序号	种类	学名	采样点分布状况						
			大通河			宝库河			
			1# 引水枢纽坝址上游 30 km 处	2# 引水枢纽坝址	3# 仙米电站回水	4# 引水枢纽出口	5# 月牙台	6# 黑泉水库	7# 巴彦
一	蓝藻门	CYANOPHYTA							
1	小颤藻	*Oscillatoria tenuis*	+	+	+	+	+	+	+
2	螺旋藻	*Spirulina* sp.						+	
3	念珠藻	*Nostoc* sp.						+	
4	平裂藻	*Merismopedia* sp.			+	+			
5	大螺旋藻	*Spirulina*. maior	+	+	+				+
6	鱼腥藻	*Anabaena* sp.		+	+				+
7	席藻	*Phormidium* sp.	+	+	+	+		+	+
二	甲藻门	PYRROPHYTA							
8	飞燕角甲藻	*Ceratium hirundinella*	+	+	+			+	+
三	裸藻门	EUGLENOPHYTA							
9	裸藻	*Euglena* sp.							+
10	囊裸藻	*Trachelomonas* sp.						+	
四	黄藻门	XANTHOPHYTA							
11	黄丝藻	*Hetertrichales* sp.						+	
五	硅藻门	BACILLARIOPHYTA							
12	长等片藻	*Diatoma elongatum*	+	+	+	+	+	+	+
13	普通等片藻	*Diatoma vulgare*	+	+	+	+			+
14	脆杆藻	*Fragilaria* sp.	+	+		+	+	+	+
15	针杆藻	*Synedra* sp.		+	+	+	+	+	+
16	尖针杆藻	*Synedra acus*	+	+	+	+		+	+
17	双头针杆藻	*Synedra amphicephala*	+		+				
18	直链藻	*Melosira* sp.	+						
19	星杆藻	*Asterionella* sp.	+	+		+		+	
20	羽纹藻	*Pinnularia* sp.	+	+		+	+		+
21	舟形藻	*Navicula* sp.	+	+	+	+	+		+
22	双头辐节藻	*Stauroneis anceps*		+					
23	双头舟形藻	*Navicula dicephala*			+				
24	异极藻	*Gomphonema* sp.	+	+	+	+	+	+	+
25	卵形双菱藻	*Surirella ovata*	+						

续表 3-17

序号	种类	学名	采样点分布状况						
			大通河			宝库河			
			1# 引水枢纽坝址上游30 km处	2# 引水枢纽坝址	3# 仙米电站回水	4# 引水枢纽出口	5# 月牙台	6# 黑泉水库	7# 巴彦
26	粗壮双菱藻	*Surirella robusta*		+					
27	螺旋双菱藻	*Surirella spiralis*			+				+
28	菱板藻	*Hantzschia* sp.	+	+	+	+		+	+
29	双菱藻	*Surirella* sp.			+		+		
30	菱形藻	*Nitzschia* sp.	+	+	+	+	+		+
31	桥弯藻	*Cymbella* sp.	+	+	+	+	+	+	+
32	膨胀桥弯藻	*Cymbella tumida*			+				
33	卵形硅藻	*Cocconeis* sp.	+	+	+	+	+	+	+
34	布纹藻	*Gyrosigma* sp.		+	+				
35	弧形蛾媚藻	*Ceratoneis arcus*	+	+	+	+	+		+
36	波缘藻	*Cymatopleura* sp.		+	+			+	
37	草鞋形波缘藻	*Cymatopleura solea*		+				+	+
38	双生双楔藻	*Didymosphenia geminata*	+		+	+	+	+	+
39	小环藻	*Cyclotella* sp.							+
40	双眉藻	*Amphora* sp.						+	
41	长蓖硅藻	*Neidium* sp.							+
六	绿藻门	CHLOROPHYTA							
42	实球藻	*Pandorina* sp.						+	
43	浮球藻	*Planktosphaeria* sp.						+	
44	衣藻	*Chlamydomonas* sp.						+	
45	小球藻	*Chlorella* sp.		+				+	
46	丝藻	*Ulothrix* sp.	+	+	+	+	+	+	
47	刚毛藻	*Cladophora* sp.		+		+	+		
48	水绵	*Spirogyra* sp.	+	+	+	+	+	+	
49	转板藻	*Mougeotia* sp.			+	+			
50	栅藻	*Scenedesmus* sp.						+	
51	双星藻	*Zygnema* sp.					+		
52	新月藻	*Closterium* sp.			+	+	+	+	
53	纤维藻	*Staurastrum* sp.						+	
54	绿球藻	*Chlorococcum* sp.			+				
55	宽带鼓藻	*Pleurotaenium* sp.						+	
合计55种(属)			23	28	30	23	18	30	24

表 3-18　浮游植物数量与生物量

监测断面		2008 年 10 月		2009 年 4 月	
		数量（万个/L）	生物量（mg/L）	数量（万个/L）	生物量（mg/L）
大通河	1#引水枢纽坝址上游 30 km 处	14.25	0.380 0	81.42	0.973 5
	2#引水枢纽坝址	19.83	0.584 5	45.05	0.503 0
	3#仙米电站回水	14.05	0.407 0	54.76	0.477 4
	平均	16.04	0.457 2	60.41	0.651 3

(3)浮游植物多样性。

采用辛普森多样性指数(Simpson's diversity index)和香浓 - 威纳多样性指数(Shannon - Wiener index)对大通河和宝库河的浮游植物多样性进行评价。

大通河浮游植物香浓 - 威纳多样性指数和辛普森多样性指数分别为 0.849 8 和 0.435 0。多样性指标值不高,说明浮游植物种类组成和生态类型单一。

b. 浮游植物现状评价

大通河浮游植物优势种为硅藻门的长等片藻和尖针杆藻。宝库河浮游植物优势种为硅藻门的长等片藻和绿藻门的卵形衣藻,为典型的河流型浮游植物群落。大通河海拔高、坡降大,水体均为贫营养型,浮游生物种类简单,数量较小,生物量低。

3)浮游动物现状调查与评价

a. 浮游动物现状

(1)浮游动物种类组成。

大通河和宝库河共采集到浮游动物 35 种(属),主要是轮虫和原生动物。

大通河采集的样品中有浮游动物 3 类 20 种(属),在 1#引水枢纽坝址上游 30 km 处监测断面采集到 6 种、2#引水枢纽坝址 10 种、3#仙米电站回水 8 种(见表 3-19)。

表 3-19　大通河和宝库河浮游动物分布

序号	种类	学名	采样点分布状况						
			大通河			宝库河			
			1# 引水枢纽坝址上游 30 km 处	2# 引水枢纽坝址	3# 仙米电站回水	4# 引水枢纽出口	5# 月牙台	6# 黑泉水库	7# 巴彦
一	原生动物	PROTOZOA							
1	刺胞虫	*Acanthocystis* sp.	+		+	+			+
2	似铃壳虫	*Tintinnopsis* sp.							+
3	曲颈虫	*Cyphoderia* sp.		+			+		
4	表壳虫	*Arcella* sp.		+			+		
5	钟虫	*Vorticella* sp	+	+				+	+
6	砂壳虫	*Difflugia* sp.						+	
7	沟钟虫	*Vorticella convallayia*			+	+			

续表 3-19

序号	种类	学名	采样点分布状况						
			大通河			宝库河			
			1# 引水枢纽坝址上游 30 km 处	2# 引水枢纽坝址	3# 仙米电站回水	4# 引水枢纽出口	5# 月牙台	6# 黑泉水库	7# 巴彦
8	点钟虫	*Vorticella picta*				+			
9	斜口虫	*Enchelys* sp.				+			+
10	透明坛状曲颈虫	*Cyphpoderia ampulla vitraea*	+		+				
11	无棘匣壳虫	*Centrophyxis ecornis*		+					
12	草履虫	*Paramecium* sp.			+				
二	轮虫	ROTIFERA							
13	矩形龟甲轮虫	*Keratella quadrata*						+	
14	螺形龟甲轮虫	*Keratella cochlearis*				+			+
15	针簇多肢轮虫	*Polyarthra trigla*		+				+	
16	月形单趾轮虫	*Monostyla lunaris*						+	
17	长三肢轮虫	*Filinia longiseta*						+	
18	异尾轮虫	*Trichocerca* sp.						+	
19	须足轮虫	*Euchlanis* sp.		+				+	
20	爱德里亚峡甲轮虫	*Colurella adriatica*		+					
21	鳞状叶轮虫	*Notholca* sp.		+			+	+	
22	尖削叶轮虫	*Notholca acuminata*			+			+	
23	晶囊轮虫	*Asplanchna* sp.	+			+		+	
24	前节晶囊轮虫	*Asplanchna priodonta*			+				
25	盘状鞍甲轮虫	*Lepadella patella*						+	
26	轮虫	*Rotifera* sp.	+	+		+	+		
27	椎轮虫	*Notommata* sp.	+						
28	巨头轮虫	*Cephalodella* sp.			+				
29	蒲达臂尾轮虫	*Brachionus buda pestiensis*			+				
30	柱头轮虫	*Eosphora* sp.						+	
三	枝角类								
31	长刺溞	*Daphnia longispina*						+	
32	圆形盘肠溞	*Chydorus sphaericus*							
四	桡足类	COPEPODA							
33	近邻剑水蚤	*Cyclops vicinus vicinus*						+	
34	锯缘真剑水蚤	*Eucyclops serrulatus*						+	
35	桡足幼体	*Nauplius*		+				+	
合计 35 种(属)			6	10	8	7	4	18	5

(2)浮游动物数量和生物量(见表3-20)。

大通河浮游动物数量为3.36万~67.20万个/L,平均数量为5.42万~24.67万个/L。生物量为0.000 8~0.028 7 mg/L,平均生物量为0.009 3~0.010 4 mg/L。

表3-20 浮游动物数量与生物量

监测断面		2008年10月		2009年4月	
		数量(万个/L)	生物量(mg/L)	数量(万个/L)	生物量(mg/L)
大通河	1#引水枢纽坝址上游30 km处	7.02	0.000 8	3.06	0.000 8
	2#引水枢纽坝址	3.36	0.025 9	3.76	0.001 7
	3#仙米电站回水	5.88	0.001 3	67.2	0.028 7
	平均	5.42	0.009 3	24.67	0.010 4

b. 浮游动物多样性

采用辛普森多样性指数(Simpson's diversity index)和香浓－威纳多样性指数(Shannon－Weiner index)对大通河浮游动物多样性进行评价。

大通河浮游动物香浓－威纳多样性指数和辛普森多样性指数分别为1.361 0和0.580 0。统计表明,大通河浮游动物多样性指标值不高,说明浮游动物种类组成和生态类型单一。

c. 浮游动物现状评价

监测结果表明,大通河水域均为贫营养型,浮游动物种类组成单一,数量少,生物量低。

4)底栖动物现状调查与评价

a. 底栖动物现状

(1)底栖动物种类组成。

大通河和宝库河共采集到底栖动物4门33种(属),主要是节肢动物门昆虫纲和软体动物腹足纲。

大通河的样品中采集到的底栖动物有21种(属),其中在1#引水枢纽坝址上游30 km处监测断面采集到10种、2#引水枢纽坝址12种、3#仙米电站回水9种(见表3-21)。

表3-21 大通河和宝库河底栖动物名录

序号	种类	学名	采样点分布状况						
			大通河			宝库河			
			1# 引水枢纽坝址上游30 km处	2# 引水枢纽坝址	3# 仙米电站回水	4# 引水枢纽出口	5# 月牙台	6# 黑泉水库	7# 巴彦
一	软体动物门	MOLLUSCA							
	腹足纲	Gastropoda							
1	椎实螺	*Lymnaea stagnalis*	+	+			+		
2	旋螺	*Gyraulus* sp.	+	+			+		

续表 3-21

序号	种类	学名	采样点分布状况						
			大通河			宝库河			
			1# 引水枢纽坝址上游 30 km 处	2# 引水枢纽坝址	3# 仙米电站回水	4# 引水枢纽出口	5# 月牙台	6# 黑泉水库	7# 巴彦
3	萝卜螺	*Radix* sp.					+		
二	节肢动物门	ARTHROPODA							
	昆虫纲	Insecta							
4	黑石蝇幼虫	*Capnudae* sp.		+	+				+
5	七角蜉	*Heptagenia* sp.		+					
6	网石蝇幼虫	*Perlodes* sp.	+				+		
7	短石蝇幼虫	*Brachycentrinae*		+					
8	四节蜉幼虫	*Baetis* sp.	+						
9	扁蜉科幼虫	*Ecdyaridae* sp.	+	+	+	+	+		+
10	二尾蜉	*Siphlonuridae* sp.					+		
11	大蚊科幼虫	*Tipulidae* sp.		+					
12	划蝽	*Corixa* sp.	+	+	+				
13	龙虱科幼虫	*Dytiscidae* sp.			+				
14	龙虱科成虫	*Dytiscidae* sp.	+		+		+		
15	大蚊幼虫	*Tipala* sp.			+				
16	尖蜉幼虫	*Epeorus* sp.			+				
17	环足摇蚊幼虫	*Cricotopus* sp.			+				
18	细长摇蚊	*Tendipes* sp.		+		+			
19	花纹前突摇蚊	*Proecladius choreus*				+			
20	暗黑摇蚊	*Tendipes lugybris*				+			
21	溪流摇蚊	*Tendipes riparius*				+		+	
22	绿色中跗摇蚊	*Tanytarsus viridiventris*		+					
23	灰跗多足摇蚊	*Polypedilum leucopus*					+		
24	隐摇蚊	*Cryptochirono mus* sp.					+		
25	穴居摇蚊	*Tendipes bachophilus*				+		+	
26	拟背摇蚊幼虫	*Tendipes thummi*						+	
27	黄带齿斑摇蚊	*Stictotendipes flavingula*				+			
28	卵圆直突摇蚊幼虫	*Orthocladius grivitetinus*						+	
29	甲壳纲	Crustacea							

续表 3-21

序号	种类	学名	采样点分布状况						
			大通河			宝库河			
			1# 引水枢纽坝址上游30 km处	2# 引水枢纽坝址	3# 仙米电站回水	4# 引水枢纽出口	5# 月牙台	6# 黑泉水库	7# 巴彦
30	钩虾	*Gammanus* sp.		+	+			+	
三	环节动物门	ANNELIDA							
	寡毛纲	Oligochaeta							
31	带丝蚓	*Lumbriculidae* sp.	+	+					
32	蛭形蚓	*Branchioldellidac* sp.	+						
四	扁形动物门	PLATYHELMINTHES							
	涡虫纲	Turbellaria							
33	涡虫	*Archoophora* sp.	+						
合计33种(属)			10	12	11	7	9	5	2

(2)底栖动物多样性。

采用辛普森多样性指数(Simpson's diversity index)和香浓-威纳多样性指数(Shannon-Wiener index)对大通河的底栖动物多样性进行评价。

大通河香浓-威纳多样性指数和辛普森多样性指数分别为1.151 3和0.428 2。生物多样性组成单一。

b. 底栖动物现状评价

底栖动物采样结果表明,底栖动物种类并不多。水生昆虫及钩虾是河流中动物食性鱼类的主要食物来源。

5)水生维管束植物现状调查与评价

a. 水生维管束植物现状

大通河和宝库河共采集到水生维管束植物6种。

大通河水生维管束植物样品中有4种:狸藻、水葫芦苗、长叶碱毛茛、穿叶眼子菜(见表3-22)。

b. 水生维管束植物现状评价

水生维管束植物是江河和湖泊水域生态系统的重要组成部分,是很多底栖动物的食物和生活或隐蔽场所,是水域生态系统中最基本的生物资源。

水生维管束植物的分布与河水的流速、水深变化、透明度及底质等状况密切相关,大通河和宝库河水流湍急,底质为砂砾石,因此水生维管束植物种类单调,覆盖度小。

6)两栖类调查

据《青海经济动物志》记载,大通河和宝库河区域内的两栖类有2种,隶属于1目2科2属。花背蟾蜍(*Bufo raddei* Strauch),属两栖纲,无尾目,蟾蜍科,蟾蜍属;中国林蛙(*Rana temporaria chensinensis* David),属两栖纲,无尾目,蛙科,蛙属。

表 3-22　大通河和宝库河水生维管束植物

序号	种类	学名	采样点分布状况						
			大通河				宝库河		
			1# 引水枢纽坝址上游 30 km 处	2# 引水枢纽坝址	3# 仙米电站回水	4# 引水枢纽出口	5# 月牙台	6# 黑泉水库	7# 巴彦
一	被子植物门	ANGIOSPERMAE							
Ⅰ	双子叶植物纲	Dicotyledoneae							
	唇形目	La miales							
	狸藻科	Lentibulariaceae							
	狸藻属	*Utricularia*							
1	狸藻	*Utricularia vulgaris Linn*		+					
总量(种(属))1				1					
	毛茛目	Ranales							
	毛茛科	Ranunculaceae							
	碱毛茛属	*Halerpestes Green*							
2	水葫芦苗	*Halerpestes cymbalaris* (Pursh.) *Green*		+		+			
3	长叶碱毛茛	*Halerpestes ruthenica* (Jacp.) Ovcz.		+					
Ⅱ	单子叶植物纲	MONOCOTYLEDONEAE							
	泽泻目	Alis matales							
	眼子菜科	Potamogetonaceae							
	眼子菜属	*Potamogeton* L.							
4	穿叶眼子菜	*Potamogeton perfoliatus* Linn.		+					
5	蓖齿眼子菜	*Potamogeton pectinatus* Linn.				+			
	灯心草目	Juncales							
	灯心草科	Juncaceae							
	灯心草属	*Juncus*							
6	细灯心草	*Juncus heptopotamicus*	+						

3.7.2.2　受水河流

1) 鱼类调查评价结果

a. 鱼类资源

受水河段宝库河为湟水一级支流,在 2007~2009 年捕获到鱼类 8 种:拟鲇高原鳅、厚唇裸重唇鱼、黄河裸裂尻鱼、甘肃高原鳅、黄河高原鳅、拟硬刺高原鳅、硬刺高原鳅、高白鲑。2008 年 10 月现场采集鱼类标本 244 尾,有 6 种,即黄河裸裂尻鱼、黄河高原鳅、硬刺高原鳅、拟硬刺高原鳅、东方高原鳅、高白鲑,其中高白鲑为外来种。

宝库河和大通河均为黄河水系湟水的支流,在调查到的鱼类中,以裂腹鱼亚科和条鳅亚科鱼类为主,具有相同的种类,如花斑裸鲤、黄河裸裂尻鱼、拟鲇高原鳅、厚唇裸重唇鱼,以及一些小型高原鳅。大通河与宝库河同为湟水一个流域,地理位置相近,自然环境没有太多的差异,在这两条河流的土著鱼类具有很高的同源性。

b. 渔获物统计

宝库河流域2008 年 10 月共捕获鱼类 244 尾,对其中的 79 尾进行了称重,总质量 4 301.00 g。其中土著鱼类 78 尾,占总尾数的 98.73%,占总质量的 97.88%,外来鱼类 1 尾,总质量 0.091 g,占总尾数的 1.27%,占总质量的 2.12%。鲤科鱼类 42 尾,均为黄河裸裂尻鱼;鳅科鱼类 36 尾,均为高原鳅属鱼类。鲑科鱼类 1 尾,91.0 g,占总尾数的 1.27%,占总质量的 2.12%(见表 3-23)。

表 3-23 宝库河渔获物统计(2008 年 10 月)

项目	黄河裸裂尻鱼	黄河高原鳅	硬刺高原鳅	拟硬刺高原鳅	东方高原鳅	高白鲑
尾数	42	6	4	18	8	1
占总尾数(%)	53.17	7.59	5.06	22.78	10.13	1.27
质量(g)	3 895.00	51.00	34.50	137.50	92.00	91.00
占总质量(%)	90.56	1.19	0.80	3.19	2.14	2.12
雌(尾)	18	4	2	11	6	0
雄(尾)	24	2	2	7	2	1
体长范围(mm)	76.0~238.0	66.0~106.0	74.0~107.0	69.0~102.0	100.0~124.0	180.0
平均体长(mm)	173.8	91.8	91.5	86.1	109.3	180.0
体重范围(g)	5.5~221.5	2.0~14.0	5.0~12.0	3.0~12.0	7.5~13.5	91.0
平均体重(g)	92.7	8.5	8.6	7.6	11.5	91.0

2009 年 4 月共捕获鱼类 97 尾,对其中的 89 尾进行了称重和测量,总质量 3 302.5 g,全为土著鱼类。鲤科鱼类(均为黄河裸裂尻鱼)86 尾,质量 3 153 g,占总尾数的 96.63%,占总质量的 95.47%;鳅科鱼类(均为拟鲇高原鳅)3 尾,质量 149.5 g,占总尾数的 3.37%,占总质量的 4.53%(见表 3-24)。

c. 宝库河鱼类"三场"

2008 年 10 月在宝库河引水枢纽出口处下游 3 km 月牙台附近捕获稚鱼 1 尾,体长 76.0 mm,捕获到裂腹鱼鱼苗 20 尾,经鉴别为黄河裸裂尻鱼,附近水流较缓,河床为砂砾底质的河滩地,说明在附近河段为裂腹鱼类的产卵场和索饵场。在宝库河捕获到的鱼类中,有黄河裸裂尻幼鱼 1 尾,1 龄黄河裸裂尻鱼 1 尾,2 龄黄河裸裂尻鱼 10 尾,考虑宝库河黑泉水库蓄水已 7 年,由于水库大坝对鱼类洄游通道的阻隔,但在黑泉水库及宝库河上游仍能捕到 4 龄以下的黄河裸裂尻鱼,说明在宝库河有产卵场。2008 年 10 月在宝库河巴彦处河岸岩石缝隙中捕获 202 尾鱼,全部为黄河裸裂尻鱼,说明巴彦为黄河裸裂尻鱼的越冬场。

表 3-24　宝库河渔获物统计(2009 年 4 月)

项目	黄河裸裂尻鱼	拟鲇高原鳅
尾数	86	3
占总尾数(%)	96.63	3.37
质量(g)	3 153	149.5
占总质量(%)	95.47	4.53
雌(尾)	52	1
雄(尾)	34	2
体长范围(mm)	101.0~221.0	69.0~102.0
平均体长(mm)	13.1	16.9
体重范围(g)	11.0~153.5	20.0~65.5
平均体重(g)	34.9	7.6

宝库河鱼类“三场”位置见表 3-25。

表 3-25　宝库河鱼类“三场”位置

序号	河流	“三场”	与工程相对位置
1	宝库河	黄河裸裂尻鱼产卵场、索饵场	引水隧洞出口下游约 3 km
2		黄河裸裂尻鱼越冬场	引水隧洞出口上游约 20 km

d. 鱼类总体评价

采用辛普森多样性指数(Simpson′s diversity index)和香浓-威纳多样性指数(Shannon-Wiener index)对宝库河的捕获的鱼类多样性进行评价,宝库河鱼类香浓-威纳多样性指数和辛普森多样性指数分别为 1.923 4 和 0.649 4,表明宝库河鱼类种群组成单一,以裂腹鱼类和条鳅鱼类为主要成分。鱼类区系具有种类较少、区系组成比较简单等特点。

目前在宝库河黑泉水库以上尚有一定的鱼类种群数量,主要是黄河裸裂尻鱼和条鳅类。黑泉水库以下鱼类种群数量十分稀少,拟鲇高原鳅、厚唇裸重唇鱼在黑泉电站以下明显减少,主要是黑泉水库下游梯级电站运行后,造成黑泉水库坝下脱水,从而造成鱼类资源急剧减少。

另外,根据资料文献记载,1965 年以前,西宁、乐都等湟水流域可以捕到黄河雅罗鱼、厚唇裸重唇鱼、黄河裸裂尻鱼、拟鲇高原鳅、刺鮈等多种土著鱼类。目前,在湟水干流,西宁以上河段还有少数几种条鳅。西宁及以下河段鱼类资源因污染基本绝迹。湟水目前的渔业资源主要集中在支流上的几个水库,投放鲤、鲫、大银鱼等,如南门峡水库、古鄯水库,产量极其有限,在这些水库有少量黄河裸裂尻鱼的群体。在黑泉水库至大通县城以上的北川河段还有拟鲇高原鳅、黄河裸裂尻鱼,但数量很少。

2)浮游植物现状调查评价

a. 浮游植物现状

(1)浮游植物种类组成。

宝库河共采集到浮游植物6门46种(属),主要是硅藻门、绿藻门、蓝藻门的种类。4#引水枢纽出口23种、5#月牙台18种、6#黑泉水库30种、7#巴彦23种(见表3-17)。

(2)浮游植物数量与生物量(见表3-26)。

宝库河浮游植物数量为19.63万~89.89万个/L,平均数量为22.93万~52.90万个/L。生物量为0.421 3~1.561 7 mg/L,平均生物量为0.605 6~1.000 1 mg/L。优势种为硅藻门的长等片藻和绿藻门的卵形衣藻。

表3-26 宝库河浮游植物数量与生物量

监测断面		2008年10月		2009年4月	
		数量(万个/L)	生物量(mg/L)	数量(万个/L)	生物量(mg/L)
宝库河	4#引水枢纽出口	19.63	0.588 7	24.80	0.421 3
	5#月牙台	25.00	0.743 6	—	—
	6#黑泉水库	24.17	0.484 6	89.89	1.561 7
	7#巴彦	—	—	44.02	1.022 9
	平均	22.93	0.605 6	52.90	1.000 1

(3)浮游植物多样性。

采用辛普森多样性指数(Simpson's diversity index)和香浓-威纳多样性指数(Shannon-Wiener index)对宝库河的浮游植物多样性进行评价。

宝库河浮游植物香浓-威纳多样性指数和辛普森多样性指数分别为1.551 8和0.631 7。多样性指标值不高,说明浮游植物种类组成和生态类型单一。

b. 浮游植物现状评价

宝库河浮游植物优势种为硅藻门的长等片藻和绿藻门的卵形衣藻,为典型的河流型浮游植物群落。宝库河流域海拔高、坡降大,水体均为贫营养型,浮游生物种类简单,数量较小,生物量低。

3)浮游动物现状调查与评价

a. 浮游动物现状

(1)浮游动物种类组成。

宝库河采集的样品中有浮游动物4类27种(属),主要是轮虫和原生动物。4#引水枢纽出口7种、5#月牙台4种、6#黑泉水库18种、7#巴彦5种(见表3-19)。

(2)浮游动物数量和生物量(见表3-27)。

宝库河浮游动物数量为1.98万~98.88万个/L,平均数量为20.49万~46.41万个/L。生物量为0.000 6~0.489 5 mg/L,平均生物量为0.133 7~0.171 8 mg/L。

(3)浮游动物多样性。

采用辛普森多样性指数(Simpson's diversity index)和香浓-威纳多样性指数(Shannon-Wiener index)对宝库河的浮游动物多样性进行评价。

表 3-27 浮游动物数量与生物量

监测断面		2008 年 10 月		2009 年 4 月	
		数量（万个/L）	生物量（mg/L）	数量（万个/L）	生物量（mg/L）
宝库河	4#引水枢纽出口	1.98	0.000 6	24.38	0.070 1
	5#月牙台	5.60	0.025 2	—	—
	6#黑泉水库	53.9	0.489 5	98.88	0.320 0
	7#巴彦	—	—	15.98	0.011 12
	平均	20.49	0.171 8	46.41	0.133 7

宝库河浮游动物香浓－威纳多样性指数和辛普森多样性指数分别为 1.340 1 和 0.650 5。统计表明，宝库河浮游动物多样性指标值不高，说明浮游动物种类组成和生态类型单一。

b. 浮游动物现状评价

监测结果表明，宝库河水域均为贫营养型，浮游动物种类组成单一，数量少，生物量低。

4）底栖动物现状调查与评价

a. 底栖动物现状

（1）底栖动物种类组成。

宝库河采集的样品中有底栖动物 19 种（属），主要是节肢动物门昆虫纲和软体动物腹足纲。其中，4#引水枢纽出口 7 种、5#月牙台 9 种、6#黑泉水库 5 种、7#巴彦 2 种（见表 3-21）。

（2）底栖动物多样性。

采用辛普森多样性指数（Simpson′s diversity index）和香浓－威纳多样性指数（Shannon－Wiener index）对宝库河的底栖动物多样性进行评价。

宝库河香浓－威纳多样性指数和辛普森多样性指数分别为 0.855 0 和 0.402 9。生物多样性组成单一。

b. 底栖动物现状评价

底栖动物采样结果表明，底栖动物种类并不多。水生昆虫及钩虾是河流中动物食性鱼类的主要食物来源。

5）水生维管束植物现状调查与评价

a. 水生维管束植物现状

宝库河共采集到水生维管束植物样品 3 种：水葫芦苗、蓖齿眼子菜、细灯心草（见表 3-22）。

b. 水生维管束植物现状评价

水生维管束植物是江河和湖泊水域生态系统的重要组成部分，是很多底栖动物的食物和生活或隐蔽场所，是水域生态系统中最基本的生物资源。

水生维管束植物的分布与河水的流速、水深变化、透明度及底质等状况密切相关，大通河和宝库河水流湍急，底质为砂砾石，因此水生维管束植物种类单调，覆盖度小。

3.8 水环境现状调查评价

3.8.1 调查范围及评价断面

本次调查范围包括大通河、北川河、黑泉水库、湟水等水体，选取调水河流大通河尕大滩以下3个断面、受水河段北川河调水总干渠引水隧洞出口以下4个断面、湟水干流新宁桥及其西宁市及其以下7个断面共计14个水质断面作为现状水质评价断面。水质断面布设情况见表3-28。

表3-28 水质评价断面一览表

河流	断面	断面位置
大通河	青石嘴	上铁迈引水枢纽下游4.3 km、距入湟水河口259 km
	天堂寺	上铁迈引水枢纽下游163.4 km、距入湟水河口99.9 km
	享堂	上铁迈引水枢纽下游约260 km、距入湟水河口1.9 km
北川河	黑泉水库	青海省大通县宝库乡黑泉
	桥头	青海省大通县桥头镇，距入湟水河口约38 km
	长宁桥	青海省大通县桥头镇
	朝阳	青海省西宁市朝阳桥，距入湟水河口约7 km
湟水干流	新宁桥	青海省西宁市小桥，距入黄口202 km
	西宁	青海省西宁市北门外，距入黄口200 km
	团结桥	距入黄口196 km
	小峡	青海省平安县小峡乡小峡村，距入黄口179 km
	平安	距入黄口164 km
	乐都	距入黄口133 km
	民和	青海省民和县山城村，距入黄口74 km

采用2007年、2008年水质监测资料作为本次水质评价资料系列，分别对平水期、枯水期和全年平均值进行评价。根据工程排污特点和评价河段水污染物特征，评价选取水温、pH值、溶解氧、高锰酸盐指数、化学需氧量、五日生化需氧量、氨氮、砷、挥发酚和六价铬等10个因子作为评价因子，同时考虑到饮用水水源地的要求，对工程引水河段的大通河青石嘴断面和调节水库宝库河黑泉水库，选择硫酸盐、氯化物、硝酸盐、铁、锰5个集中式生活饮用水地表水源地补充项目进行了监测和评价，并于2005年枯水期对大通河天堂寺、享堂和宝库河黑泉水库进口补测了大肠菌群、碘和硒等典型水质因子。

3.8.2 调水河流水环境现状

根据评价结果，大通河青石嘴断面水质结果均为Ⅰ和Ⅱ类，达到水环境功能区划水质目标，集中式生活饮用水地表水源地补充项目未超过标准限值，水质能够满足调水水质需要。享堂断面水质评价结果为Ⅱ类。由于人烟稀少、社会经济欠发达，区间污染源较少，大通河整体水质良好。

从图 3-2 可以看出,大通河 2004 ~ 2005 年来水质良好,且较稳定,无恶化趋势。

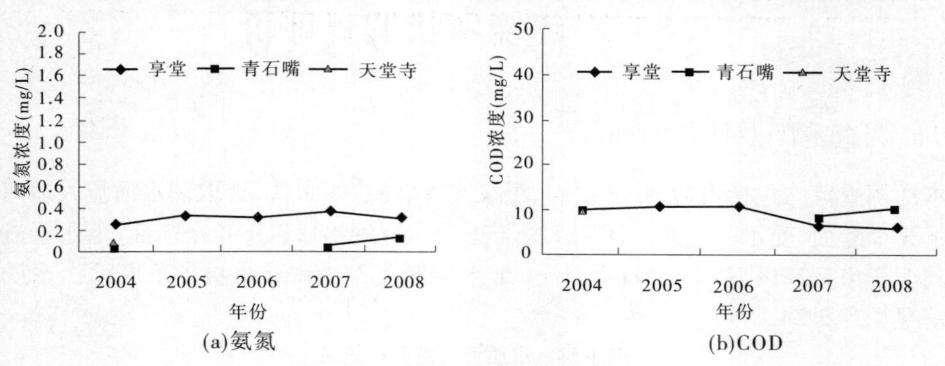

图 3-2　大通河氨氮、COD 浓度变化

注:天堂寺不是水质常规监测断面,无多年监测数据。青石嘴断面由于 2005 ~ 2006 年修路,其间未进行水质监测。

3.8.3　受水河流水环境现状

评价结果显示,宝库河黑泉水库水质平水期水质为Ⅱ类,枯水期水质为Ⅲ类,全年均值Ⅱ类,水质基本可满足水环境功能区Ⅱ类水质目标。枯水期超标因子为溶解氧和 BOD_5。集中式生活饮用水地表水源地补充项目未超标准限值。

北川河桥头断面所在水环境功能区为饮用水水源保护区。2007 年该断面年平水期水质为Ⅱ类,枯水期、全年平均水质均为Ⅲ类,2008 年平水期、枯水期水质为Ⅱ类,全年平均水质为Ⅲ类,未达到水环境功能区划Ⅱ类水质目标,超标因子为 BOD_5。2005 年补测因子粪大肠菌群超标,为Ⅳ类。

北川河长宁桥断面水质目标为Ⅲ类。该断面 2007 年平水期水质为Ⅴ类,枯水期和全年平均水质均为Ⅴ类,2008 年平水期、枯水期、全年平均水质均为Ⅴ类,未达到水环境功能区水质目标,超标因子为氨氮、BOD_5、COD。

北川河朝阳断面所处水环境功能区为工业用水区,水质目标为Ⅳ类。该断面 2007 年、2008 年水质均为劣Ⅴ类,水质较差,超标因子为 BOD_5、氨氮、COD。

总体来看,黑泉水库现状水质较好,基本可满足饮用水水源保护区的水质目标,作为本调水工程的调节水库,现状水质有保证。北川河桥头断面处于北川河刚进入大通县县城的河段,水质尚未受到大通县废污水的污染,因此水质尚可。北川河桥头以下流经大通县和北川工业区,接纳大通县、北川工业区排放的废污水后,水质明显变差,长宁桥、朝阳桥断面水质分别为Ⅴ类和劣Ⅴ类,均不能达到所在水环境功能区水质目标。

湟水干流的水质评价结果显示,新宁桥断面枯水期水质为Ⅴ类,未达到水环境功能区水质目标,其他时段水质为Ⅳ类,能够满足所在河段环境功能区水质目标。民和断面 2008 年水质为Ⅳ类,满足所在河段环境功能区水质目标。西宁至乐都河段污染相对较为严重,水质均为Ⅴ类和劣Ⅴ类水质,主要超标因子为氨氮、COD、BOD_5。该河段水质较差的原因为,青海省人口、社会经济主要集中在湟水河谷两岸,随着经济的快速发展,两岸城镇工业和生活污水大量排入，致使该河段水污染严重。

从图 3-3 可以看出，北川河黑泉水库和桥头断面水质较好，且比较稳定，多年来水质变化趋势不明显。朝阳断面由于接纳了大通县和北川工业区的废污水，水质较差，且近年来有水质恶化的趋势。

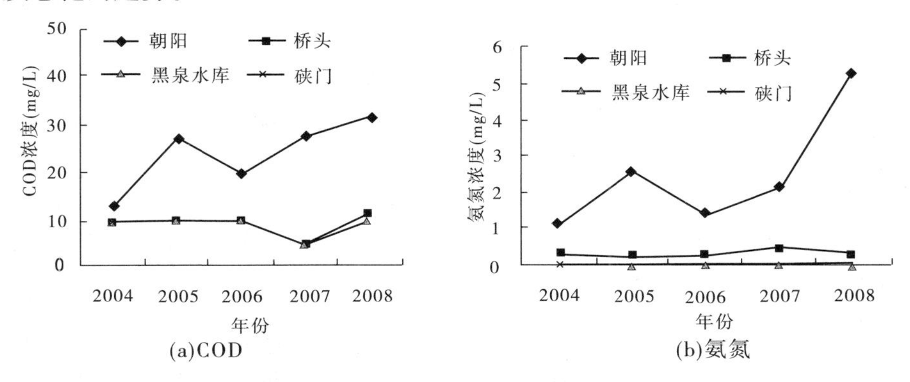

图 3-3　北川河 COD、氨氮浓度变化

从图 3-4 可以看出，湟水新宁桥至民和河段，除新宁桥水质相对较好外，其他断面水质总体较差，主要是湟水沿岸城镇排污所致。河段水质稳定，多年来无明显变化趋势。

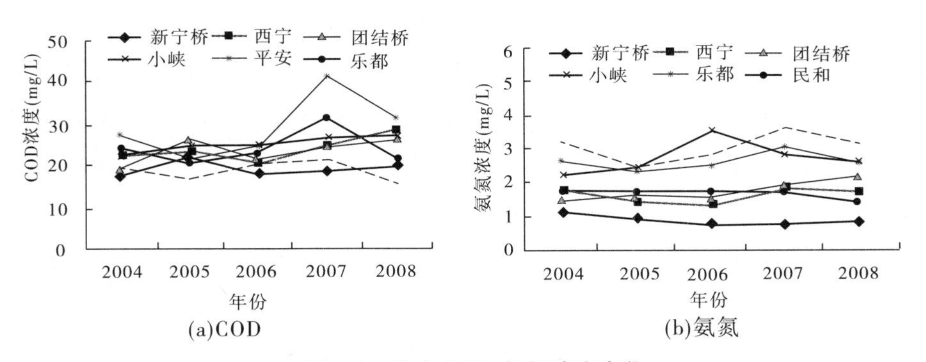

图 3-4　湟水 COD、氨氮浓度变化

第4章　研究思路

4.1　研究目的和意义

水资源是经济社会发展的重要资源，是保障人类生产、生活和维系自然生态必不可少的宝贵资源，实施引大济湟工程，对大通河水进行合理调控和分配，充分开发水资源，为湟水干流地区提供可靠的生产、生活和生态用水，是青海省保障社会经济可持续发展，全面建设小康社会的重要举措。由于工程规模较大，施工期长，对施工区域生态环境将产生一定影响，尤其是枢纽建设对水生生物的阻隔作用，以及调水后大通河水量的减少引起的河流水文情势改变，都对大通河生态与环境产生深远影响，同时，调水实施后受水区用水、排水量都将增加，若水污染防治措施不力，受水区退水量的增加将会对北川河、湟水干流的水环境质量产生一定的影响。

大通河是我国西北地区水资源量相对较丰的一条河流，作为湟水最大的支流、黄河的重要支流，其上中游气候较湿润、水量丰沛，河流水质良好，对黄河水源涵养及黄河源生态系统的调控起着重要作用。同时，大通河流域中上游人类活动干扰小，上游基本处于原始未开发状态，中游开发程度较低，天然植被状况良好，动植物资源丰富，是我国陆地生物多样性关键地区之一，其生态环境的保护对整个西北地区的生态环境至关重要。因此，引大济湟工程实施在对湟水干流地区带来巨大社会经济效益的同时，必须切实保护好大通河流域的生态环境。

大通河流域地处青藏高原，自然生态环境脆弱，破坏扰动后很难恢复，因此对工程建设可能产生的生态与环境影响必须予以高度重视。本书旨在对引大济湟工程建设的环境影响尤其是生态方面的影响着重进行分析、预测和研究，提出避免、减缓生态环境影响的工程和非工程措施，以做到开发与保护并重，正确处理工程建设与环境保护的关系，促进工程建设与社会、经济、环境效益协调发展。

4.2　研究范围

引大济湟调水总干渠工程涉及大通河调水区、湟水干流受水区，根据项目规模、特点和区域环境特点，工程建设对环境的影响主要体现在生态环境影响以及水环境的影响两个方面，本研究拟定工程环境影响主要研究范围见表4-1。

表 4-1 引大济湟调水总干渠工程环境影响研究范围

序号	环境要素	研究范围		
		施工期	运行期	
			调水区	受水区
1	生态环境	陆生生态影响研究范围:重点研究引水枢纽和隧洞进口区、隧洞出口区施工场地、库区淹没区及周边区域、引水隧洞两侧各 0.5 km; 水生生物影响研究范围:引水枢纽施工区域附近水域	陆生生态影响研究范围:调查范围为引水枢纽库区上游附近及下游大通河流域,重点研究范围为大通河引水枢纽下游 50 km 范围内河道两侧各外延 3 km; 水生生物影响研究范围:大通河引水枢纽上游 30 km、下游约 50 km 水域	陆生生态影响研究范围:调查范围为受水区湟水干流地区,重点研究范围为受水河流河道两侧各外延 3 km; 水生生物影响研究范围:宝库河隧洞出口上游 30 km、下游 20 km 水域
2	水环境	大通河:上铁迈引水枢纽上游约 2.0 km 至引水枢纽下游约 5.0 km; 宝库河:引水隧洞出口附近上游 50 m 处至隧洞出口下游 3 km	大通河:尕大滩至大通河入湟水口约 260 km 河段	北川河:引水隧洞出口至北川河入湟水口约 90 km 河段; 湟水干流:西宁以下约 174 km 河段

4.3 工程环境影响初步分析

4.3.1 工程影响特点分析

本工程主要包括引水枢纽和引水隧洞两部分,为非污染生态影响类项目,工程运行发挥效益期间,本身并不排放污染物,工程对环境的影响主要为施工期施工活动对环境造成的生态环境影响以及工程运行后对调水区大通河流域、受水区湟水流域的生态环境影响。

(1)水利水电工程为非污染生态项目。本工程为非污染生态影响类项目,工程运行期水库本身不会产生“三废”污染,主要为施工期施工活动对环境造成的影响以及工程运行后对调水区大通河流域、受水区湟水流域的生态环境影响。

(2)工程社会、经济效益显著。工程建设完成后可基本解决湟水干流地区生活、工业缺水问题,工程兴建将促进青海省经济社会的可持续发展,产生显著的社会、经济效益。

(3)工程将对调水河流生态环境产生一定影响。工程运行后,调水河流大通河引水枢纽坝址断面下泄水量较工程运行前将有所减少,枢纽的阻隔以及河流水文情势的改变将对大通河生态环境产生长期影响。

(4)工程开挖量、临时堆料、弃渣量较大。引水隧洞等主体工程施工开挖工程量较大,工程用料量较大,造成料场开挖量大,临时堆料占地较多,同时弃土弃渣量较大,渣场占地面积大,将造成地表植被破坏、水土流失及自然景观破坏等环境影响。

(5)水源水质有保障,但仍注意避免风险。调水河段大通河、受水河段宝库河水质良好,工程水源水质有保障,但引水路线长,应强化保护措施,避免突发意外风险,保证供水水质。

4.3.2 工程施工环境影响分析

本工程建设内容主要为大通河上铁迈引水枢纽和穿越大坂山的引水隧洞,根据工程类型、工艺、施工布置与作用对象,分析施工活动对环境的影响作用。

4.3.2.1 料场、渣场

1)料场选择与开采

进口用料由大通河河滩砂石料场开采供应,料场开采采用集中机械开采方式,毛料运至左岸砂石加工系统筛洗加工。出口用料由宝库河渣场回采砂砾石料,毛料运至宁张公路东侧的砂石料加工系统筛洗加工。

料场开采施工对环境影响主要表现为环境空气质量、声环境、生态环境及水环境等的影响。

环境空气质量:料场开采、砂石筛洗、车辆运输等施工过程中产生粉尘、扬尘、机械尾气等,对施工区环境空气质量、现场施工人员及附近居民可能会带来一定影响。

声环境:施工开采、筛洗及运输采用的推土机、挖掘机、洗石机、自卸汽车等施工机械比较多且集中,将对施工区声环境带来一定影响。出口砂石料加工对附近大坂口居民可能会带来一定影响。

生态环境:料场主要用地类型为河滩地,开采施工将造成开采区范围内的地表植被破坏,产生弃渣,易造成水土流失现象。

水环境:对砂石料进行筛洗过程中,将会产生含悬浮物废水,由于料场位于河滩地,应对废水进行回收,防止废水流入大通河、宝库河,对地表水造成污染。

2)渣场环境影响作用

本工程包括隧洞工程,且隧洞较长,因此施工开挖量大,弃渣量大,造成渣场占地面积大,对植被有一定损毁。堆渣较高,对周围的景观有一定不利影响。若堆渣处理不当,则容易产生水土流失。

根据土石方平衡,进口工程弃渣22.2万 m^3,渣场占地4万 m^2,占地为旱地,对自然植被不利影响较小。

出口总弃渣量76.34万 m^3,由于弃渣量大,出口渣场面积较大,为17.5万 m^2,对植被有一定损毁,造成生物量损失。渣场堆高较高,达5~7 m,这将对宝库河和宁张公路两侧景观有一定不利影响。通风竖井弃渣量0.27万 m^3,不需进行场地平整、填筑。

4.3.2.2 引水枢纽建筑物施工

引水枢纽工程施工主要程序为围堰导流、土石方开挖、防渗墙施工和大坝填筑。施工活动主要包括基坑排水、土石方开挖、土石方填筑、渣料堆放、砂石加工、混凝土浇筑等,主要影响因子包括水环境、环境空气、声环境、生态环境等,并形成水土流失。

1) 水环境

引水枢纽施工废污水主要来自基坑排水、砂石料加工系统废水、混凝土搅拌和冲洗废水、机械冲洗和维修排放的含油废水以及人员生活污水,废污水中污染物组成简单,主要是泥沙悬浮物 SS。

2) 声环境

本施工区噪声主要来源于工程开挖、砂石料粉粹加工过程中推土机、挖掘机等施工机械运行产生的机械噪声,自卸汽车运输过程中产生的交通噪声以及短时爆破等。

3) 环境空气

工程施工对环境空气的影响主要源于开挖、砂石料生产、交通运输等过程中产生的粉尘,各类施工机械与汽车运输过程中产生的废气(SO_2、NO_2)和扬尘。

4) 固体废弃物

固体废弃物主要包括工程弃渣和人员生活垃圾。

5) 人群健康

引水枢纽工程位于门源县,境内较为突出的传染病如鼠疫、布鲁氏菌病、包虫病等已基本达到国家控制区标准,但工程施工区域可能发生常见传染病的条件依然存在。

6) 生态环境

施工占压陆生植被,高噪声施工机械可能对陆生动物产生惊扰,枢纽施工对水生生物栖息造成惊扰。

7) 水土流失

料场取料、开挖、土石方填筑过程中产生弃土、弃渣,如不注意防护,遇到地表径流易形成水土流失。

4.3.2.3 引水隧洞施工

引水隧洞施工包括支洞施工区、出口施工区共两个施工区,施工时,分别由支洞施工区和隧洞出口出发,同时向隧洞中部方向开挖。隧洞中间布置一通风竖井,由于竖井工程量小,且由出口施工区负责施工,不单独布置施工工厂,因此其影响纳入出口施工区一并考虑。由于整条隧洞均在地下,且埋深较深(300 ~ 1 100 m),因此施工期间,其环境影响范围主要集中在支洞进口、隧洞出口施工区域附近。

1) 支洞施工区

支洞施工区采用全断面钻爆法开挖,光面微差爆破,由人工配手风钻钻孔,人工装药,边开挖边支护,洞内石渣由自卸汽车运至渣场。主要影响因子包括水环境、声环境、环境空气、生态环境等。

a. 水环境

本施工区由引水枢纽施工区的砂石料加工厂供料,因此无砂石料冲洗废水,废污水主要来源于混凝土拌和冲洗废水、隧洞涌水、汽车冲洗含油污水和人员生活污水。

b. 声环境

支洞施工采用钻爆法,每天隧洞内爆破两次、出渣两次,主要声污染源为爆破噪声和运渣自卸车噪声。施工区附近有上铁迈村 10 余户居民,最近的居民距支洞出口仅200 m。施工噪声对村民有一定影响。此外,洞内施工噪声对施工人员影响较大。

c. 环境空气

爆破、开挖施工过程中洞内产生粉尘、有害气体,危害施工人员的健康。施工对洞外的大气污染很小。施工交通运输产生道路扬尘,加之机动车辆的尾气等,造成局部空气污染。

d. 生态环境

主要是施工占地、库区淹没对土地利用方式的影响和对陆生植被的破坏。

2)出口施工区

由1台直径5.9 m的双护盾式掘进机(TBM)全断面掘进,掘进机从隧洞出口逆坡向进口方向掘进,从隧洞进口撤离出来。施工程序主要为:掘进开挖,混凝土管片衬砌,豆粒石填筑灌浆,出渣等。主要影响因子为水环境、声环境、环境空气、生态环境、水土流失等。

隧洞掘进机(TBM)开挖隧洞,具有快速、高效、安全、机械化程度高等特点,可实现破岩、出渣、运输、支护、衬砌等多工序的综合机械化联合作业,最大限度地减少了劳动力使用数量,且作业噪声低,以电为动力,不产生燃油废气,改善了工人的工作环境,降低了施工对环境的污染,属较为环保的施工工艺。

a. 水环境

施工采用掘进机(TBM)法,不产生混凝土拌和废水,隧洞衬砌所用管片,采用高温蒸汽养护,不产生混凝土养护废水。洞外机械设备仅3辆运渣车和1台砂石料加工机械,车辆机械检修废水较少。因此,隧洞出口施工区产生的废水主要有砂石料加工系统废水、机械冷却水和人员生活污水。

b. 声环境

隧洞内施工为TBM机掘进,据调查,TBM机施工噪声不大,洞内施工噪声对洞外声环境基本无影响。在施工区的砂石料加工场100~300 m附近有大坂口村10余户居民,砂石料加工噪声对居民有一定影响。

c. 环境空气

洞内TBM机掘进,粉尘产生量小,且TBM机、有轨出渣车均以电为动力,不燃油,洞内施工对洞外大气环境基本无影响。施工场地内施工道路扬尘、机械设备燃油对环境空气产生影响。

d. 生态环境

施工占地对土地利用方式的影响和对陆生植被的破坏。

调水总干渠隧洞出口距青海大通北川河源区省级自然保护区约600 m,工程料场、渣场设置均不涉及该自然保护区,工程开挖、弃土弃渣等活动将不会对自然保护区的地质、地貌、土壤、植被等自然生态环境带来不利影响,但施工活动可能对保护区动物有一定惊扰。

施工区固体废弃物、人群健康、水土流失作用方式与引水枢纽施工区类似。

工程施工期环境影响初步分析见表4-2。

4.3.3 工程淹没、占地分析

工程不占用基本农田。上铁迈引水枢纽淹没影响门源县青石嘴镇上吊沟村土地总面

表 4-2　工程施工期环境影响初步分析

项目		施工范围	施工活动	施工机械	环境现状	环境影响
料场		大通河左岸砂石料场	开采、集料、筛洗、运输、堆放	推土机、挖掘机、自卸汽车、砂石筛分机械	位于大通河河滩地,占地类型主要为旱地,周围无环境敏感点	生态环境:地表植被破坏、水土流失等生态环境影响 环境空气:施工产生的粉尘、扬尘、机械尾气对空气质量的影响 声环境:施工机械噪音对声环境及施工人员的影响 水环境:砂石料筛洗废水对大通河水环境的影响
渣场		大通河右岸进口区渣场	弃渣堆放	—	大通河右岸台地,占地为旱地	生态环境: (1)占地对植被的破坏 (2)对周围自然景观的影响 (3)对水土流失的影响
		宝库河右岸出口区渣场			位于宝库河河滩地,紧邻宝库河河道和宁张公路,占地类型为草地	
		通风竖井渣场			大坂山磨扇沟附近山坡荒草地	
施工导流		引水枢纽坝址附近	基础开挖、围堰填筑、明渠导流、基坑排水	挖掘机、运输汽车、推土机、抽水机械等	大通河河滩地,旱地,灌丛	水环境:基坑初期排水与经常性排水中的 SS 含量高,对大通河水质会产生影响
引水枢纽	泄洪冲沙闸	引水枢纽坝址处	土石方开挖、混凝土工程	挖掘机、推土机、混凝土搅拌机、自卸汽车等	大通河河滩地,旱地,灌丛	环境空气:土石方开挖、出渣产生粉尘和扬尘 声环境:施工机械、车辆对施工区声环境产生影响 水环境:混凝土浇筑、养护碱性废水对大通河水环境有一定影响,施工人员生活污水对水环境的影响
	溢流坝					
	土石坝					

续表 4-2

项目		施工范围	施工活动	施工机械	环境现状	环境影响
引水线路	隧洞进水闸	引水枢纽坝址上游 20 m	土石方开挖、混凝土浇筑	挖掘机、自卸汽车等	大通河河滩地，旱地，灌丛	环境空气：土石方开挖、出渣产生粉尘和扬尘 声环境：施工机械、车辆对施工区声环境产生影响 水环境：混凝土浇筑、养护碱性废水对大通河水环境有一定影响
	施工支洞	距隧洞进口 1.6 km，上铁迈村	钻爆施工、洞挖、出渣、混凝土衬砌	挖掘机、人工风镐、风钻钻孔、混凝土拌和站等	荒坡草地，附近有敏感点上铁迈村	环境空气：土石方开挖、出渣产生粉尘和扬尘 声环境：施工机械、车辆噪声对上铁迈村声环境产生影响 水环境：混凝土浇筑、养护碱性废水对水环境有一定影响，施工人员生活污水对水环境的影响
	隧洞出口段及明渠	宝库河左岸纳拉村段	TBM 洞挖、电力出渣、管片衬砌、土石方开挖、砂石料加工	TBM、电力有轨出渣车、自卸汽车、砂石粉碎、筛分机械等	宝库河河滩地、坡地，砂石料加工场附近有敏感点大坂口村，隧洞出口南侧 600 m 有省级自然保护区	水环境：砂石料筛洗废水对宝库河水环境的影响，施工人员生活污水对水环境的影响 声环境：砂石料加工噪声对大坂口村有一定影响 环境空气：土石方开挖、出渣产生粉尘和扬尘
	通风竖井	大坂山磨扇沟附近	钻爆施工、洞挖、出渣	挖掘机、人工风镐、风钻钻孔	大坂山磨扇沟附近山坡荒草地	环境空气：土石方开挖、出渣产生粉尘和扬尘对质量的影响

积 1 133.81 亩，主要为旱地，淹没水库的左右岸 2 条乡村四级公路共约 2 km。引水枢纽坝区及引水隧洞施工区永久征地 618.75 亩，临时征地 986.10 亩，主要涉及门源县青石嘴镇的上吊沟村、上铁迈村和大通县俄博图村，占地类型主要为旱地。淹没及永久占地将造成不可逆损失，临时占压可通过施工迹地恢复减少对植被的影响。总体来看，工程淹没、占地主要表现为对陆生植物、陆生动物、土地利用方式、农村生活经济等环境因子的影响。

4.3.4 工程运行环境影响初步分析

工程调水河流为大通河，受水河流为湟水，工程运行后，大通河水将穿越大坂山进入湟水支流北川河上游宝库河，经黑泉水库调节后向西宁市和北川工业区的生活、工业供水，并结合向河道急流补水，兼顾发电。工程的实施可基本解决西宁市和北川工业区生活、工业缺水问题，将改善受水区人民生产与生活环境，促进青海省经济社会的可持续发展，产生显著的社会、经济、环境效益。同时，由于受水区用水量的增加，其退水可能对当地水环境产生一定影响。而调水河流大通河由于水量的减少引起水文情势的变化，将对河流生态环境产生影响。因此，工程运行后主要对社会经济、生态环境、水环境等产生影响。此处对工程运行的环境影响关系进行初步分析，详见第 6 章、第 7 章。

4.3.4.1 调水区分析

1）水环境

工程引水后，大通河引水枢纽下游流量、水位、流速等河流水文情势将发生变化。河川径流量的减少将会对大通河中下游水环境产生一定影响。

2）生态环境

工程运行后，引水枢纽引水时段对水生生物有阻隔作用，可能引起大通河水生生物及鱼类资源的分布发生变化。水文情势变化将会对引水枢纽下游河道生态环境用水、河流水生生物及河谷植被产生长期影响。此外，水库淹没将造成一定的植被损失。

3）水资源开发利用

工程运行后，大通河径流量的减少、河流水位变化可能对下游水资源开发利用产生一定影响。

4.3.4.2 受水区分析

1）社会经济

工程实施将有效缓解湟水流域水资源的供需矛盾，对区域经济社会的可持续发展将产生长期的有利影响。

2）生态环境

调水后湟水干流用水方式将从利用地下水逐步过渡到利用地表水，工程运行将会逐步缓解受水区地下水过度开发的现状，缓解北川河河谷地下水位的下降趋势，对该河段河谷生态系统的改善起到重要作用。

受水区北川河河川径流量的增加将会对河道生态环境用水产生一定的有利影响，对北川河、湟水干流水生生物及水生态系统产生一定的有利影响。

3）水环境

大通河上游水质清澈，在洪水期悬移质增多，坝址断面多年平均含沙量 0.43 kg/m^3。

工程各月引水分布较为均匀,汛期引水量较少,不会造成受水河流泥沙含量大幅度增加。

工程运行后,受水区用水量增加,若不严格执行水污染防治和节水措施,受水区退水量的增加将会对北川河、湟水干流的水环境质量产生一定的影响。

4.4 研究思路

研究总体思路为:根据引大济湟调水总干渠工程特点以及工程所处区域环境特点,初步分析工程施工、运行过程的主要环境影响。研究可行性研究、水资源论证报告确定的调水方案对大通河水文情势、生态水量的影响程度,据此确定环境合理的调水方案。作为非污染生态项目,生态影响是本工程重点,本研究以区域生态环境现状调查和遥感调查为工作基础,分析工程实施对区域土地利用方式和植被、动物的影响,重点研究工程运行期调水区因引水枢纽的阻隔和河流水文情势变化而引起的生态环境影响,对水生生物尤其是鱼类的影响,以及对河谷植被的影响。受水区重点研究用水量的增加是否引发水环境问题。根据环境影响研究结果,对工程建设造成的不利环境影响提出技术经济可行的防护和减免措施,并制定环境监测及监理计划,为项目建设的环境保护管理提供科学依据。

4.4.1 生态环境保护目标识别

根据工程环境影响初步分析,结合区域环境现状,本研究对引大济湟调水总干渠工程建设对调水区大通河流域的影响,筛选出以下环境保护目标,在工程实施过程中,应采取相应环保措施,确保环境保护目标的实现。

4.4.1.1 河流水质

大通河水质良好,工程影响河段水环境功能区情况见表4-3。目前大通河水质现状均能满足水质目标,工程实施后仍应保证河流水质目标的实现。

表4-3 大通河水环境功能区划(工程下游河段)

调水河流	起始范围	规划主导功能	功能区类型	水质目标	断面名称
大通河	刚察祁连县界—红沟	饮用水源	饮用水水源保护区	Ⅱ	红沟
	红沟—葱花滩(门源城段)	饮用水源	饮用水水源保护区	Ⅲ	葱花滩
	葱花滩—门源与互助县界	饮用水源	饮用水水源保护区	Ⅱ	东旭
	门源与互助县界—出省界	饮用水源	饮用水水源保护区	Ⅱ	下河

4.4.1.2 河谷灌丛

调水工程的实施,将使调水区大通河水资源减少,一定程度上影响其自然水文过程,近河流地段(边滩)的植被生长、发育会受到影响,从而影响工程引水枢纽以下河段的河谷灌丛植被。

4.4.1.3 **鱼类**

保护大通河水生生物多样性，保护重要水生生境，保障河段水生生物生长、繁殖所需的基本流量；保护大通河鲶高原鳅、厚唇裸重唇鱼、黄河裸裂尻鱼、花斑裸鲤等鱼类物种不会消亡，且保持一定的种群，并通过开展人工增殖放流，遏制大通河鱼类资源衰退下降的趋势。

4.4.1.4 **下游用水户**

工程实施后，大通河下泄水量减少，工程运行应保证下游合法用水户正常用水。

4.4.2 研究内容

研究的内容包括：

(1)引大济湟工程区域环境现状调查研究。包括工程调水区和受水区陆生、水生生态环境现状调查评价，调水、受水河流水质现状评价。

(2)工程建设合理性、可行性及工程实施可能产生的主要生态环境影响初步分析。

(3)调水过程环境合理性研究。

(4)工程施工对区域陆生生态环境、水生生态环境影响及减免环境影响措施研究。

(5)工程建设对调水区河流生态水量、水文情势和陆生动植物、水生生物的影响，以及减免生态环境影响措施的研究。

(6)工程建设对受水区陆生、水生生态环境和水环境影响研究，以及生态环境保护措施研究。

4.4.3 研究重点

引大济湟调水总干渠工程的建设，将有效缓解湟水流域水资源供需矛盾，保障西宁市和北川工业区生活、工业及生态用水，改善湟水干流下游河道的生态环境，对促进湟水流域经济社会可持续发展具有重要意义。根据上述对工程环境影响的初步分析，研究认为，工程建设对环境的主要不利影响为总干渠引水枢纽的阻隔和水文情势的改变对大通河生态环境的影响，输水隧洞和竖井建设对区域生态环境的影响，工程淹没和占地对土地资源的影响，以及施工期废水、废气、固体废弃物、噪声及新增水土流失对周边环境的影响等。

该工程为非污染生态类工程，工程实施的环境影响主要为施工对周围区域的生态环境影响、工程运行对调水区的生态环境影响以及受水区可能出现的次生水污染问题，因此本次研究的重点是从环境影响的角度出发，确定合理的调水方案，研究工程建设、运行期间的生态环境影响、水环境影响，并提出减免环境影响的工程及非工程措施。工程施工期“三废”对环境的影响不作为本次研究的重点。

本研究技术总体思路见图4-1。

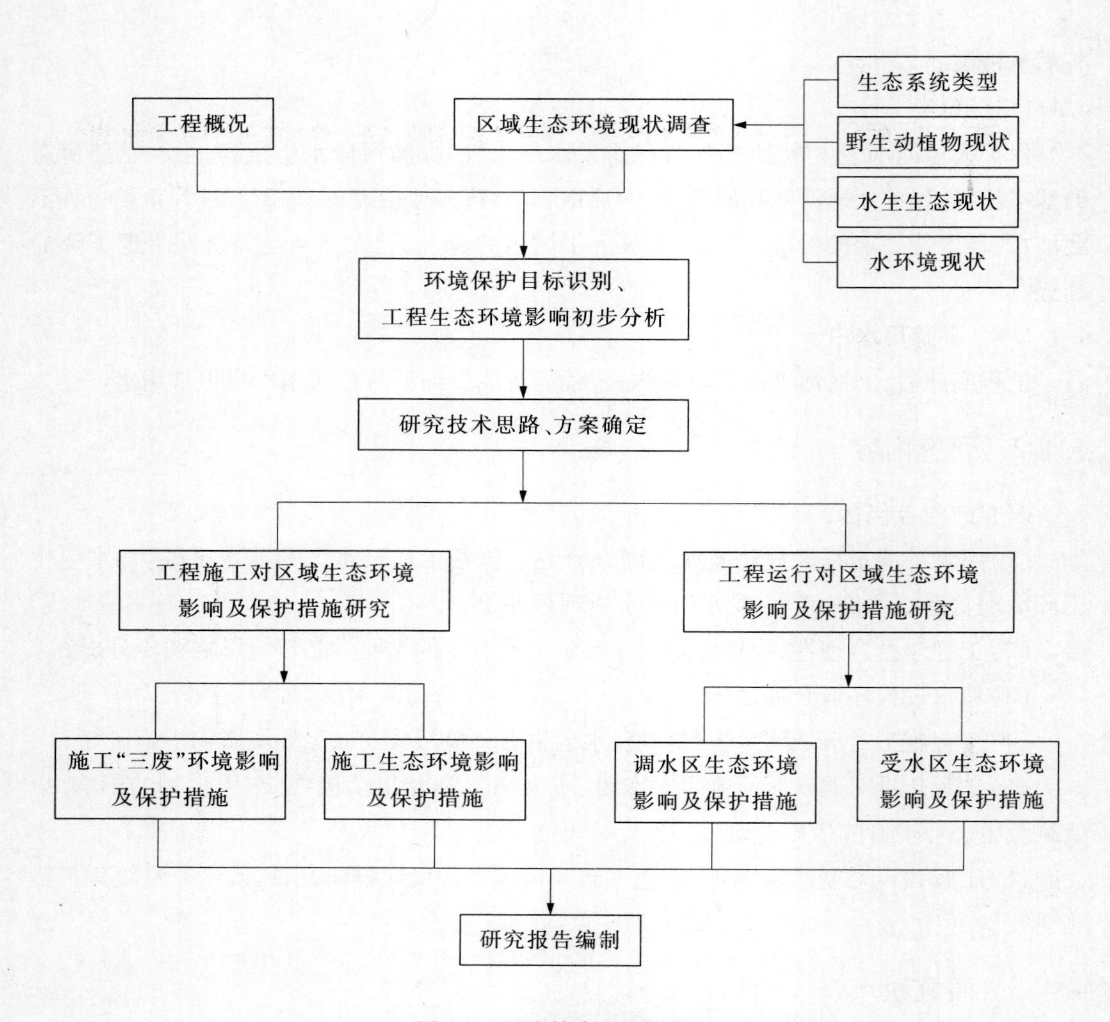

图4-1　研究技术思路框图

第5章 工程施工对区域生态环境影响及保护措施研究

5.1 工程方案环境可行性分析

5.1.1 工程方案环境影响比选

5.1.1.1 引水枢纽布置比选

1)位置比选

上铁迈坝址与青石嘴坝址主要工程量及对环境的影响比较见表5-1。上铁迈坝址处河谷谷底宽约600 m,地形较为平坦,场地开阔,坝址区内无大的滑坡、崩塌体,施工条件好,工程量小于青石嘴坝址;从对环境的影响上看,上铁迈坝址库区淹没乡间公路2.0 km,淹没影响土地面积1 133.8亩,不会产生坍岸等环境地质问题,青石嘴坝址库区淹没影响土地面积1 850亩,影响人口较多,可能产生泥石流等地质灾害,对地表植被破坏较多。因此,引水枢纽布置上铁迈坝址优于青石嘴坝址。

表5-1 引水枢纽布置方案环境影响比较分析

项目	上铁迈坝址	青石嘴坝址
地形条件	峡谷地貌,两岸地形基本对称。河谷谷底宽约600 m。河流主流偏右岸,河流的左侧为季节性耕地。河槽内阶地不发育。坝址区内无大的滑坡、崩塌体,仅在山体的坡脚处见有零星的掉块崩滑现象	峡谷段向宽浅河谷的过渡地带。河谷为较宽阔的U形谷,谷底宽约1 600 m,两岸地势不甚对称,冲沟发育,地形破碎。坝址区无大的滑坡、崩塌体,在强降雨条件下,冲沟内有产生稀性泥石流的可能性
土方明挖	45.11万 m^3	42.74万 m^3
土方填筑	30.74万 m^3	24.37万 m^3
输水线路长	24.65 km	方案Ⅱ23.625 km,方案Ⅲ26.368 km
环境影响	库区淹没乡间公路共2 km,淹没土地1 133.8亩;开挖量小,工期短,对地表植被破坏少,不会产生坍塌等环境地质问题	淹没影响面积1 850亩;开挖量大,可能产生泥石流等地质灾害,工期长,对地表植被破坏多
比选结果	从地形地质条件、引水线路长度、工程量及对环境的影响等方面考虑,将上铁迈列为推荐坝址	

2)有坝引水和无坝引水方式比选

引水工程常用的引水方式有无坝引水和有坝引水两种方式。当河道的枯水位和流量都能满足设计要求时，采用无坝引水方式，具有对天然河道生态环境影响小，不存在淹没损失，工程简单、投资少、施工易、工期短等优点，但也存在不能控制河道的水位和流量、枯水期引水保证率低等问题，引水渠道还容易引入大量泥沙。根据坝址的地形、地质条件和初拟的工程总体布置，对引水枢纽布置进行无坝引水和有坝引水比较，具体见表 5-2。

表 5-2　无坝引水与有坝引水方案比较分析

项目	无坝引水	有坝引水
总布置	右岸的凹岸布置 2 孔进水闸，分层取水。根据天然河道的来流和水位引水	右岸布置 1 孔进水闸，主河床中布置泄洪冲沙闸及土石坝等建筑物壅高水位
取水保证率	在多年平均来水情况下，引水隧洞基本引不到水，最大洪峰流量时才有可能达到设计流量，引水保证率太低	引水有保证（供水要求的保证率 90%）
泥沙影响	大通河多年平均悬移质输沙量 68.43 万 t，多年平均含沙量 0.43 kg/m^3，多年平均推移质输沙量 17.11 万 t，多年最大含沙量 16.6 kg/m^3，相应流量 418 m^3/s，无坝引水进水口底板较低，在洪水期引水引沙，对隧洞底板造成磨损，对工程很不利	由于有泄洪冲沙闸，洪水期冲沙，保证"门前清"，有利于工程引水。进水闸底板高程较高，并修建冲沙闸和拦沙坎，进入隧洞泥沙少，对工程运行有利
施工	无须修建引水枢纽建筑物，施工导流工程量小，金属结构设备及安装量少，施工工期短	修建引水枢纽建筑物，施工导流工程量大，施工工期长
淹没占地	无坝引水对天然河道的影响小，不存在淹没损失和移民补偿	由于抬高水位，淹没部分农田和公路，对环境有一定的影响
对河流水文情势的影响	对河流自然流态影响相对较小	对河流自然流态影响相对较大
对河流生态系统影响	对河流无阻隔影响，生态完整性影响较小	对河流形成一定阻隔，对水生生物影响相对较大
运行管理	运行管理不便，由于引水无保证，效益低，隧洞受泥沙影响，可能造成磨损，进水闸前可能出现淤积等情况，年运行费高	运行管理方便，供水保证率高
比选结果	无坝引水环境影响程度较低，但由于受到引水河段的河道形态、泥沙影响等，工程设计引水水位相对引水闸前水位较高，若采用无坝引水，只有在大洪水时可以引调部分水量，设计引水流量根本无法保证，因此将有坝引水作为推荐方案	

上铁迈引水枢纽坝址处河道宽600 多 m，河流主河槽靠右岸，河床高程为 2 952.8 m，为了防止汛期推移质泥沙进入引水隧洞，引水隧洞底板高程至少高于河床高程 1～2 m，则引水隧洞底板高程最低为 2 953.8～2 954.8 m。调水总干渠设计流量 35 m^3/s，则设计引水位最低应为 2 958～2 959 m。根据上铁迈引水枢纽坝址天然水位流量关系，2 958～2 959 m相应的天然河道过水流量为 1 500 m^3/s 左右。根据大通河尕大滩水文站 1956～2000 年水文观测资料，引水枢纽坝址处多年平均来水流量为 50.4 m^3/s，实测最大洪峰流

量为 1 280 m³/s。即在多年平均来水情况下，若采取无坝方案，则引水隧洞基本引不到水，设计引水流量根本无法保证，必须采用有坝引水方式。

从工程对淹没占地及对河流自然系统的环境影响来看，有坝引水对河流生态完整性的影响较无坝引水大，但根据工程要求的供水保证率较高(90%)、河流泥沙、冰情影响等特点，由于引水线路高差的限制，无坝引水隧洞洞径增加，投资明显增加，所以可行性研究阶段推荐上铁迈渠首引水方式采用有坝引水的形式。

5.1.1.2 输水建筑物比选

输水建筑物方案比较见表 5-3。从表 5-3 中可看出，方案Ⅰ的主要工程量最大，方案Ⅱ的主要工程量最小，但方案Ⅰ和方案Ⅱ主要在地下施工，地表无大的开挖存在，对地表植被及原地质环境的影响较小，且占地少，移民影响小；方案Ⅲ暗涵沿线穿越宁张公路，大滩乡、上庄、下大滩、上白土沟等村庄以及三条大的冲沟，临时及永久占地多，移民安置人口多，对地貌破坏大，工程区生态环境脆弱，一旦破坏，恢复较为困难。所以，从环境影响的角度出发，方案Ⅰ和方案Ⅱ优于方案Ⅲ。

表 5-3 输水建筑物方案环境影响比较分析

项目		方案Ⅰ	方案Ⅱ	方案Ⅲ
布置形式		全洞	全洞	暗涵 10.285 km，隧洞 16.083 km
线路长度(km)		24.65	23.625	26.368
主要开挖量(m^3)	砂砾石开挖	64 267	64 300	806 843
	岩石明挖	25 918	55 356	1 210 264
	石方洞挖	755 390	570 009.3	390 104.7
环境影响		①无大的开挖存在，对地表及原地质环境影响小； ②占地少，移民影响小； ③存在涌水和突水； ④淹没及征地补偿投资 2 169.54 万元，水土保持工程投资 809.33 万元，环境影响补偿费 528.30 万元	①进口高边坡，对原地质环境有影响； ②存在涌水和突水； ③淹没及征地补偿投资 2 309.81 万元，水土保持工程投资 861.56 万元，环境影响补偿费 533.60 万元	①暗涵经过农田和村庄，施工及永久占地多，移民人数多，影响大； ②暗涵对地貌破坏大，对地质环境影响较大； ③存在涌水和突水； ④淹没及征地补偿投资 4 302.16万元，水土保持工程投资 1 604.71 万元，环境影响补偿费 542.80 万元
比选结果		从地质条件、引水线路长度、工程量及对环境的影响等方面考虑，输水建筑物推荐上铁迈—纳拉全洞方案(方案Ⅰ)		

5.1.2 工程施工布置方案环境合理性分析

5.1.2.1 引水枢纽及进口施工区

引水枢纽及进口施工区布置在大通河右岸引水枢纽下游 2 km，附近无居民，有大通河左、右岸公路作为施工道路，施工对外交通可充分利用 227 国道，施工交通条件便利。该施工区主要布置包括仓库、混凝土生产系统、汽车停放保养场、办公生活营地，占压土地主要为旱地、河滩地、裸地,植被主要为栽培植物和稀疏灌木,周围没有敏感点。

5.1.2.2　支洞施工区

支洞施工区位于上铁迈村附近,该村有两个居民比较集中的居集区,支洞施工区位于两个居集区之间,离两个居集区均比较远,施工区周围约有村居 10 户,影响人数较少。施工道路主要利用现有乡村道路,施工工厂和营地占地为荒坡草地。

5.1.2.3　隧洞出口施工区

出口施工区位于纳拉村和大坂口村附近,紧邻宁张公路,施工条件便利。施工占地主要为旱地和河滩地。由于工程开挖及弃渣量大,对施工区域附近地表植被破坏面积较大。施工区砂石料加工系统附近约有村居 10 户,距砂石料加工厂 100 ~ 300 m。

通风竖井位于隧洞中部、荒山之间,施工区占地面积很小。施工区周围无居民,人类活动少。

总体分析,工程相关施工场地布置,附近环境敏感点少,布局紧凑合理,节约用地,充分利用现有道路、桥梁,减少了施工区内新建施工道路,从而降低施工布置对当地生态的破坏和影响。因此,从环境保护的角度看,施工场地布置环境基本合理可行。施工布置的主要环境影响为占地对地表植被的破坏、生物量的变化,以及可能增加水土流失量。

5.1.3　工程料场、渣场选址环境合理性分析

5.1.3.1　料场环境合理性分析

总干渠工程在出口施工区、进口施工区各设置一个砂石料场。

1)进口施工区料场环境合理性分析

进口施工区混凝土骨料从堆渣场回采砂砾石料,不足部分由附近大通河河滩料场开采。进口区砂石料场位于大通河左岸引水枢纽下游约 4 km 处的河滩地上,占地面积共 8 万 m^2,储量能满足实际需用量的需求。

料场具有门源县国土资源局出具的采矿许可证和青海省水利厅河道管理办公室开具的河道采砂许可证。经现场调查,此处植被覆盖率低,料场的开采对植被覆盖度破坏较小,周边无环境敏感目标,同时砂石料开采有效地减免了骨料加工对周围环境的影响。总体来说,从环境的角度来看,工程料场的设置基本合理。

2)出口施工区料场环境合理性分析

可研设计出口施工区料场位于隧洞出口左侧皮条沟山坡,为人工骨料场。目前实际施工中,以设计的渣场回采砂砾石料,先挖后填。该料场位于宝库河俄博图滩地,紧邻宁张公路,由于已被设计作为渣场使用,因此作为料场开采,相对于渣场来说不再新增植被破坏和生物量损失,且该料场已被宁张公路改建项目部分开采过,本次开采新增地表扰动相对较少。同时,开采后再进行弃渣堆放,有利于降低渣场堆渣高度,减小渣场对宁张公路两侧的景观影响。从环境的角度来看,该料场的设置基本合理。

5.1.3.2　渣场设置环境合理性分析

总干渠工程在出口施工区、进口施工区域、隧洞通风竖井处各设置一个渣场。

1)进口施工区渣场环境合理性分析

可研设计在引水枢纽及隧洞进口区、支洞施工区各设一个渣场,面积均为 2 万 m^2。

工程施工前对渣场进行了优化设计，在该进口处仅设一个渣场，该弃渣场位于枢纽下游350 m处，大通河右岸，为一级阶地，地面高程2 951.88～2 953.40 m，占地面积约4.0 hm^2，地形平坦，渣场形状呈平行四边形，堆渣容量约20万 m^3，平均堆渣高度4.0 m。施工区至渣场平均运距2 km，附近300 m内无村庄。渣场占地类型为旱地，占压植被类型为栽培植物，对当地的植被和景观产生一定的影响。总体上，从环境角度来看该渣场设置是可行的，但在弃渣完毕后要采取植被恢复等水保措施，防止水土流失。

2）出口施工区渣场环境合理性分析

出口施工区渣场布置在宝库河右岸河滩地，宁张公路北侧，距出口施工区平均运距约1.5 km，交通条件便利。可研设计渣场面积为10万 m^2，渣场平均堆高15 m，工程施工前对渣场进行了优化设计，渣场征地面积增加至17.5万 m^2，堆渣高度减小为5～7 m。渣场占用土地为河滩地，主要植被为草本，优化设计后，堆渣高度较原设计降低了8～10 m，对宁张公路、宝库河景观的影响较原设计有所降低，该渣场设置环境基本合理。

在不同频率下，弃渣场处设计洪水位均低于弃渣场原地貌高程，故该弃渣场不受洪水影响。

3）隧洞通风竖井处渣场环境合理性分析

通风竖井弃渣场由于占地类型为荒草地，植被类型主要为高寒灌丛和高寒草甸，覆盖度高，植被状况良好。该区域地形相对平缓，加以适当防护后不易形成削坡，造成坡面扩大、新的水土流失面。弃渣场面积较小，仅0.3万 m^2，弃渣量少，渣场对周围环境影响小，且周围无环境敏感点，其选址环境可行。

5.2 工程施工环境影响及环境保护措施研究

5.2.1 水环境影响研究及水环境保护措施

引水枢纽及引水隧洞进口施工区、支洞施工区、引水隧洞出口施工区生活污水产生量分别为15.6 m^3/d、6.44 m^3/d和19.5 m^3/d。

工程所在的大通河和宝库河河段属Ⅱ类水体，根据国家有关规定，按照《水功能区管理条例》要求，工程施工生产、生活废污水应严禁入河。尤其是宝库河位于西宁市第七水厂水源地黑泉水库上游，水质安全意义重大，建议采取措施将处理后的废水回用于生产，避免污染河流水质。在对施工废水和生活污水采取妥善处理措施实现废水零排放后，施工期废污水不会对大通河和宝库河水质产生影响。

建议施工过程中应采取妥善处理措施，施工区废污水应实行“清污分流”，隧洞涌水与生产生活废污水分开处理，并且生活污水和生产废水也应分开处理；必须对所有废污水进行处理，引水隧洞出口施工区加大废污水处理力度，水质达标后全部回用，并切实落实废污水零排放。

5.2.2 大气环境影响分析及大气环境保护措施

由于工程施工区海拔较高，地势开阔，空气对流强烈，有利于大气污染物的扩散和稀释。工程区人烟稀少,污染源分布相对较为分散,研究认为施工废气、扬尘对区域环境空气质量总体影响不大,仅在局部施工区域对施工人员造成一定的影响,应对施工人员采取必要的防护措施。

研究建议采取以下大气环境保护措施:①对道路沿线施工生活区和居民点所在路段及时洒水,以减少扬尘的不利影响;②土石方开挖及钻孔采用湿法除尘作业;③水泥、弃渣等运输、装卸过程尽可能采用篷布等密封方式操作;④进场施工机械尽量选用燃烧效率高的设备类型,对大型施工机械、车辆加强维修保养,使之保持良好状态,以降低油耗、减少污染物排放量。

5.2.3 声环境影响分析及声环境保护措施

枢纽及进口施工区昼间施工噪声较大,但符合《建筑施工场界噪声限值》要求,且周围无敏感点。支洞施工区对附近上铁迈村的声环境影响主要是运渣车产生的交通噪声,敏感点附近噪声未达到《声环境质量标准》1 类标准,能够满足 2 类标准,对上铁迈村居民有一定影响,但影响不大。

支洞施工区及隧洞出口施工区附近均有居民,为减轻施工对环境敏感点的声环境影响,施工区应禁止夜间施工,并给附近居民配置密封性能较好、造价相对较低的塑钢窗户。建议在施工区修建绿化带,采用移动声屏障,降低噪声影响。

5.2.4 固体废弃物影响研究及固体废弃物处理措施

工程施工总工期为 53 个月,施工区生活垃圾累计产生量为 1 693 t。生活垃圾成分复杂,如不及时清理,垃圾中的有机质会变质腐烂,发生恶臭,污染空气,招引和孳生苍蝇,造成疾病传染和流行。施工区生活垃圾定期运至渣场填埋,建议将生活垃圾运至附近的垃圾填埋场填埋,无垃圾填埋场的,要实行袋装化,采取卫生填埋处理。

距引水枢纽 5 km 的青石嘴镇正在建设垃圾处理场,建设规模为Ⅳ类Ⅳ级,总库容 12.8 万 m^3,可满足门源县青石嘴镇至 2016 年累计垃圾产生量 8.97 万 t 的填埋要求。建议该垃圾处理场建成前,进口区生活垃圾由门源县环卫部门统一清运至门源县生活垃圾处理场处理;青石嘴镇垃圾处理场建成后,进口区施工期、运行期人员生活垃圾运至该处理场进行处理、填埋。

出口区施工期、运行期人员生活垃圾由大通县环卫部门统一清运至大通县垃圾处理场进行填埋处理。

5.3 工程施工对陆生生态影响及环境保护措施研究

工程施工对区域的生态环境影响,主要为料场开挖、弃渣堆放、施工场地平整等活动将对施工区域的植被造成占压和破坏,产生一定程度的生物量损失、水土流失等影响,爆破等施工活动产生的噪声可能对附近的野生动物产生一定的惊扰影响,引水枢纽的施工对水体产生扰动,将对鱼类等水生生物产生一定影响。工程运行对区域的生态环境影响研究详见第 6 章、第 7 章。

5.3.1 对植被的影响

水库淹没、工程施工将造成植被损失。工程占地范围内无国家保护性、珍稀、濒危植被分布，植被损失主要为栽培植物，损失的作物主要为青稞，其次为灌木丛，灌木丛以沙棘、水柏枝、山生柳为主，草原以针茅和早熟禾为主。这些植被类型都是青藏高原分布较普遍的类型，均为一般常见种，不存在因局部植被被淹没或破坏而导致种群消失或灭迹，对陆生植物的影响仅是数量上的损失。

5.3.2 料场、渣场对区域生态环境的影响及生态恢复措施

5.3.2.1 料场、渣场对区域生态环境的影响

工程料场开挖、弃渣堆放改变料场、弃渣场原有地貌、土地结构，破坏、影响原有植被的正常生长。本工程料场、弃渣场均位于河滩地或一级阶地，若防护不当，易加重水土流失。工程料场、弃渣场占地类型、规模及造成的生物量损失见表5-4。

表5-4 料场、弃渣场占地类型、规模及影响程度

工程	占地类型	面积(万 m^2)	生物量损失(t)
进口料场	旱地、滩涂、裸地	8	23.7
进口弃渣场	旱地	4	15
出口弃渣场(料场)	草地、裸地	17.5	44.5

工程料场、弃渣场占地共造成生物量损失 83.2 t，约占工程造成总生物损失量的14%。

由于项目区地形的限制，弃渣的堆放以集中堆放为主，这就使原来的微地形发生变化，在原来和谐的自然景观上出现2个大小不一的弃渣场，影响景观。

总体来看，出口弃渣场对生态环境的影响较大。由于弃渣容量大(76.61 万 m^3)，渣场占地面积大，造成的生物量损失也较大，约占工程造成总生物损失量的7.5%。该弃渣场位于保库河右岸、宁张公路旁边，地形相对平坦，弃渣场堆渣高度为5 m，堆渣较高，将对宝库河、宁张公路两侧的景观造成不利影响，弃渣完毕后，除及时对渣场进行植被恢复外，还应加强宁张公路、宝库河两侧的绿化，以减轻弃渣场对周围景观的不协调影响。此外，由于该渣场位于宝库河河滩地，距河道较近，若防护不当，遇到强降雨易产生水土流失，在渣场下游将会产生淤积现象，应做好水土保持工作。

5.3.2.2 料场、渣场及施工场地生态恢复措施

1)弃渣场生态保护及恢复措施

在施工期结束后采取一定的生态恢复措施，补偿相应的生态损失。主要措施为：保存30~50 cm厚的表土根系层。从高原生态系统的演变特征看，表土的形成极为缓慢，有土壤种子库和丰富的有机质，经土地平整之后再进行表土覆盖，可加速植被的自然恢复过程；弃渣场应有水土保持工程，如挡渣墙、干砌石护坡等，以便在植被恢复过程中尽量减少水土流失；在水土保持措施完成后，对渣场表面进行土地平整和表土覆盖，并依据植被生

态演替的基本规律采取植被恢复措施，可以采用灌草结构模式或草本恢复模式，灌草结构为：沙棘（水柏枝或柳树）+垂穗披碱草+早熟禾。草本结构为：垂穗披碱草+早熟禾。加速植被的自然恢复过程，预计植被恢复3～10年之后其生态系统的功能将有所恢复，可基本达到保持水土的生态功能作用，减少相应的生态损失（见表5-5）。

表5-5 弃渣场生态保护及恢复措施分析

<table>
<tr><th>生态保护及恢复类型</th><th>主要对策措施</th><th>恢复模式及植物种类</th><th>施工时间</th><th>预计结果</th></tr>
<tr><td>工程防护</td><td>主要与滩地或坡地有关，对河道不稳定性边坡采取相应的工程防护措施，保证河岸边坡稳定，间接保护河道生态环境及生态系统</td><td rowspan="2">恢复模式：
(1)灌草模式
(2)草本模式
植物种类：
(1)灌木：
沙棘
水柏枝
(2)草本：
垂穗披碱草
早熟禾</td><td>一般可在每年的3月初至11月上旬进行</td><td>护坡工程可保证边坡稳定性</td></tr>
<tr><td>植被恢复</td><td>弃渣场位于滩地草甸或灌丛草甸，宜人工恢复和自然恢复相结合，加快植被的恢复过程</td><td>一般可在每年的4月初至6月上旬进行，草籽亦可在秋季播种</td><td>恢复2～4年后禾草地上生物量为4 200 kg/hm^2，物种多样性指数 H' = 1.80～2.20，减少水土流失</td></tr>
</table>

2）料场生态保护及恢复措施

在施工期结束后采取一定的生态恢复措施，补偿相应的生态损失。料场的设置应满足河道行洪和减少环境破坏的基本要求。从工程的特点来看，引水枢纽及隧洞进口施工区砂砾石料场开挖后，依高原地区湿地植被的演替规律，工程结束后，在水位低于30 cm的地段将逐步形成以荸荠+西伯利亚蓼为优势种的植物群落。为减少群落生物量以及保持水土、涵养水源等生态功能的损失，对料场施工活动造成裸露地表可尽量采用土地平整+表土覆盖+植被恢复，减少相应的生态损失（见表5-6）。

表5-6 料场生态保护及恢复措施分析

<table>
<tr><th>生态保护及恢复类型</th><th>主要对策措施</th><th>恢复模式及植物种类</th><th>施工时间</th><th>预计结果</th></tr>
<tr><td>工程措施</td><td>对河谷地带的砂石料场，应注意河道保护以及不稳定性边坡工程防护，保证河岸边坡稳定。尽量用弃渣回填，并进行适度平整</td><td rowspan="2">恢复模式：
(1)灌草模式
(2)草本模式
植物种类：
(1)灌木：
沙棘
(2)草本：
垂穗披碱草
早熟禾</td><td>一般可在每年的3月初至11月上旬进行</td><td>护坡工程可保证边坡稳定性。回填平整可减少景观破坏，促进植被恢复，同时保证人畜安全</td></tr>
<tr><td>植被措施</td><td>鉴于砂石料场的设点位置以及相应的生态系统类型，宜自然恢复和人工恢复相结合，加快植被的恢复过程</td><td>一般可在每年的4月初至6月上旬进行，草籽亦可在秋季播种</td><td>恢复2～4年后禾草地上生物量为3 800 kg/hm^2，H' = 1.80～2.20，减少水土流失</td></tr>
</table>

3）通风竖井处生态保护及恢复措施

工程通风竖井处的影响直接导致地上群落生物量的损失，致使山地丧失其保持水土、涵养水源等生态功能。需要在施工期结束后采取一定的生态恢复措施，补偿相应的生态损失。通风竖井处生态恢复的主要措施为：尽量保存山坡地原有 30 ~ 45 cm 厚的表土根系层，表土含有土壤种子库和丰富的有机质，经土地平整之后再进行表土覆盖，可加速植被的自然恢复过程；通风竖井处应有水土保持工程，如挡渣墙、干砌石护坡等，以便在植被恢复过程中尽量减少水土流失；在水土保持措施完成后，对通风竖井处周边进行土地平整和表土覆盖，并依据植被生态演替的基本规律采取植被恢复措施，可以采用灌草结构模式或草本恢复模式，灌草结构为：沙棘（水柏枝或柳树）+ 垂穗披碱草 + 早熟禾。草本结构为：垂穗披碱草 + 早熟禾。加速植被的自然恢复过程，预计植被恢复 3 ~ 10 年之后其生态系统的功能将有所恢复，可基本达到保持水土的生态功能作用，减少相应的生态损失（见表 5-7）。

表 5-7　通风竖井处生态保护及恢复措施分析

<table>
<tr><th>生态保护及恢复类型</th><th>主要对策措施</th><th>恢复模式及植物种类</th><th>施工时间</th><th>预计结果</th></tr>
<tr><td>工程防护</td><td>主要与山地坡地有关，对不稳定性边坡采取相应的工程防护措施，保证边坡稳定，间接保护山地生态环境</td><td rowspan="2">恢复模式：
（1）灌草模式
（2）草本模式
植物种类：
（1）灌木：
沙棘
水柏枝
（2）草本：
垂穗披碱草
早熟禾</td><td>一般可在每年的 3 月初至 11 月上旬进行</td><td>护坡工程可保证边坡稳定性</td></tr>
<tr><td>植被措施</td><td>通风竖井处位于山地灌丛草甸，宜人工恢复和自然恢复相结合，加快植被的恢复过程</td><td>一般可在每年的 4 月初至 6 月上旬进行，草籽亦可在秋季播种</td><td>恢复 2 ~ 4 年后禾草地上生物量为 4 200 kg/hm^2，H' = 1.80 ~ 2.20，减少水土流失</td></tr>
</table>

4）施工场地生态保护及恢复措施

进口和出口施工区附近为旱坡耕地，属于中强度侵蚀。工程实施之后，洞口附近旱坡耕地已无法种植作物，应采取相应的植被恢复措施，减少水土流失。由于表土存在，植被恢复难度较小，可以采用灌草结构模式或草本恢复模式，灌草结构为：沙棘（或锦鸡儿）+ 垂穗披碱草 + 早熟禾。草本结构为：垂穗披碱草 + 早熟禾。加速植被的自然恢复过程，预计植被恢复 3 ~ 10 年之后其生态系统的功能将有所恢复，可基本达到保持水土的生态功能作用，减少相应的生态损失（见表 5-8）。

表 5-8　施工场地生态保护及恢复措施分析

生态保护及恢复类型	主要对策措施	恢复模式及植物种类	施工时间	预计结果
地表措施	地面平整：对裸露斑块进行地面平整处理，为土壤改良及草种补播奠定基础 土壤改良：对裸露斑块表层土壤松耙处理，有条件的地方可施加有机肥	恢复模式： (1)灌草模式 (2)草本模式 植物种类： (1)灌木： 沙棘 水柏枝 (2)草本： 垂穗披碱草 早熟禾	一般可在每年的3月初至4月上旬进行	地表措施可为土壤改良及草种补播奠定基础
植被措施	补播草种：对土壤松耙后补播牧草种子 禁牧封育：开展植被恢复后，需进行一定时期的禁牧封育，促进植被恢复		一般可在每年的4月初至6月上旬进行，草籽亦可在秋季播种	恢复2~4年后禾草地上生物量为4 000 kg/hm^2，H' = 1.80~2.20，减少水土流失
工程措施	对进出水洞口附近进行加固和护坡处理，通过不稳定性边坡工程防护，保证洞口附近边坡稳定	恢复模式： (1)灌草模式 (2)草本模式 植物种类： (1)灌木： 沙棘 (2)草本： 垂穗披碱草 早熟禾	一般可在每年的3月初至11月上旬进行	护坡工程可保证边坡稳定性，可减少景观破坏
植被措施	鉴于进出水洞口附近为旱坡耕地，进行退耕处理，宜人工恢复和自然恢复相结合，加快植被的恢复过程		一般可在每年的4月初至6月上旬进行，草籽亦可在秋季播种	恢复2~4年后禾草地上生物量为4 800 kg/hm^2，H' = 1.80~2.20，减少水土流失

5.3.3　生态完整性影响分析

5.3.3.1　生态影响特征与范围

调水总干渠工程属非污染生态建设项目，是以水资源的优化配置为目标的建设项目，该项目对生态环境的影响源于水库淹没、工程施工和运行等。其影响特征主要表现为水库淹没、工程占地等永久占地使局部区域的土地利用方式发生改变；施工占地、土石方开挖、交通道路修建等均直接使植被面积减少，造成局部区域的植被破坏，生物量降低，同时易引起局部区域的水土流失。上述影响造成区域自然体系的生产能力降低，生物量的总量减少，生态稳定受到一定影响，从而使区域自然生态体系的生态完整性受到一定影响。

工程直接影响区主要包括施工区和库区。施工区包括进口区、出口区的料场、弃渣场、施工办公生活区、场内交通等，库区主要为水库淹没区。水库淹没影响面积75.6万 m^2，工程施工占地107.0万 m^2。

在整个研究区域内，受水库淹没、工程施工活动等直接影响区，其自然组分受干扰较大，调节生态环境质量的能力受到限制，而间接影响区内的自然组分受干扰小，对直接影响区域具有一定的缓冲和调节作用。

5.3.3.2 研究区域生产力变化

因工程施工占地及水库淹没引起评价区生物量变化情况见表5-9。可知：调水总干渠建设和运行后，使区域自然系统的生产力能力平均减少0.42 g/(m^2·a)，生产力由现状的482 g/(m^2·a)，降低为481.6 g/(m^2·a)，高于该自然体系生产力最低限值182.5 g/(m^2·a)，仍处于自然体系的生产力范围的较高水平，因此工程对自然体系生产力的影响是研究区域内自然体系可以承受的。

表5-9 研究区域内生物量减少情况

占地区域	类型变化		生物量变化(t)
	类型	面积(万 m^2)	
库区	农业植被	46.19	156.3
	灌丛	3.45	8.28
	草地	0.61	2.5
进口区	农业植被	45.98	172.2
	灌丛	2.72	65.3
	草地	5.92	8.9
出口区	农业植被	24.59	103.4
	灌丛	0.3	7.2
	草地	12.67	52.1
合计			591.58
研究区内生物量减少(g/(m^2·a))			0.42
预测工程运行后区域自然体系的生产能力(g/(m^2·a))			481.6
该自然体系生产力最低限值(g/(m^2·a))			182.5

5.3.3.3 区域自然体系的稳定状况

1)恢复稳定性分析

从表5-9可知，工程建设和水库淹没造成区域内陆地生态系统生物量减少了591.58万t，生产力减少0.42 g/(m^2·a)，平均净生产力维持在481.6 g/(m^2·a)，工程占地及生物量损失相对研究区域总面积、总生物量来讲，比例很小，对自然体系恢复稳定性的影响不大，是评价区域内自然体系可以承受的，且工程占地大部分是农业用地，农业用地受人类活动干扰较大，基本上受农业生产活动控制，具有一定的抗干扰能力和恢复能力。

2)阻抗稳定性分析

工程引水运行后，虽然会对大通河河流生态系统的生物量造成一定的损失，但引水枢纽下游直接影响范围内大部分植被不会发生变化，工程不会改变区域原有的生态系统类型，因此认为评价区仍可维持异质性现状，并具有一定的动态控制能力，阻抗稳定性不会发生大的变化。

总之，工程建设和水库淹没造成区域生产力有所降低，但降低幅度很小，自然系统可以承受。

5.3.4 对区域土地利用方式的影响

工程占地 182.58 hm^2,其中永久占地 116.84 hm^2,临时占地 65.74 hm^2,占用耕地、草地、灌木面积为 141.76 hm^2。可见,工程占地将对土地资源造成不同程度的破坏、占压,从而对项目建设区域的土地利用产生影响。

分析引水工程建设占地对区域土地利用方式的影响程度(见表 5-10),项目占地对区域土地利用方式影响非常有限,各占地占区域总土地利用类型的比例很小,总体上不会改变区域现有土地利用方式。

表 5-10　工程占地对区域土地利用方式的影响程度　(单位:hm^2)

占地性质		旱地	灌木林地	天然牧草地	公路用地	河流水面	裸地	内陆滩地
永久占地	库区淹没	46.19	3.45	0.61	0.96	12.29	—	12.08
	工程占地	19.73	2.72	11.51	—	2.20	3.81	1.27
临时占地	施工占地	55.04		2.50	—	—	8.20	—
项目区小计		120.96	6.17	14.63	0.96	14.50	12.01	—
占区域比例(%)		0.25	0.02	0.006	—	0.42	0.098	0.4

5.3.5 对水土流失的影响及保护措施

本项目水土流失预测时段可分为工程建设期(包括施工准备期)和植被自然恢复期两个时段。其中工程建设期为 4 年,植被恢复期为 3 年。

5.3.5.1 扰动原地貌和破坏植被面积预测

本项目在挡水建筑物及其他永久建筑物的修建、隧洞进出口的开挖、施工道路的新建、建筑材料的开采及施工临时建筑物的修建过程中,占地面积涉及耕地、荒地、草地、林地及河滩地等立地条件类型,据统计,调水总干渠工程损坏原地貌、土地植被共计 182.58 hm^2,其中损坏灌木林地 6.17 hm^2,天然牧草地 14.63 hm^2,旱地 120.96 hm^2,水域 14.50 hm^2,内陆滩地 13.35 hm^2,裸地 12.01 hm^2 及公路用地 0.96 hm^2。具体见表 5-11。

5.3.5.2 损坏水土保持设施预测

本项目地处青海省人民政府划定的水土流失重点监督区,是青海省生态相对脆弱的区域。项目扰动地表面积中除河滩地、坡耕地、水域以外的林地、草地、水浇耕地全部计入水土保持设施面积,经统计本项目损坏水土保持设施的面积为 156.07 hm^2,其中门源县 121.17 hm^2,大通县 34.90 hm^2。具体见表 5-12。

5.3.5.3 工程建设造成的水土流失量预测

工程建设可能发生的水土流失总量为 10.91 万 t,其中水土流失背景流失量为 2.20 万 t,新增水土流失量为 8.71 万 t。

其中施工准备期流失量 1.54 万 t,占流失总量的 14.1%,施工期流失量 8.30 万 t,占流失总量的 76.1%,自然恢复期流失量 1.07 万 t,占流失总量的 9.8%,水土流失主要发生在施工期。水土流失重点发生区域为引水枢纽区、施工生产生活区、工程生活管理区、弃渣场区、料场区及施工道路区。因此,施工建设必须与水土保持工程建设同步进行,并适当采取一定的临时性防护措施,尤其是建设期水土流失防治措施的布局设计中,应重视工程拦渣和合理堆放使用。

表 5-11　工程损坏原地貌、土地植被情况　（单位:hm²）

工程分区		占地类型							
		灌木林地	天然牧草地	旱地	河流水面	内陆滩涂	裸地	公路用地	合计
枢纽及隧洞进口施工区	引水枢纽区	2. 37	0. 97	7. 77	2. 21	0. 45	2. 01		15. 78
	隧洞进口区	0. 35				0. 13			0. 48
	施工生产生活区			7. 69					7. 69
	工程生活管理区			6. 80					6. 80
	施工道路区			12. 10					12. 10
	弃渣场区			2. 00					2. 00
	料场区		1. 00	6. 31		0. 69			8. 00
	水库淹没区	3. 45	0. 62	46. 19	12. 29	12. 08		0. 96	75. 59
	道路改建区			1. 31					1. 31
	小计	6. 17	2. 59	90. 17	14. 50	13. 35	2. 01	0. 96	129. 75
施工支洞施工区	支洞施工区		0. 05						0. 05
	施工道路区		2. 80						2. 80
	弃渣场区		2. 00						2. 00
	施工生产生活区		3. 08						3. 08
	小计		7. 93						7. 93
隧洞出口施工区	隧洞出口区		1. 80						1. 80
	施工生产生活区			18. 70					18. 70
	工程生活管理区		1. 31	4. 99					6. 30
	施工道路区			0. 90					0. 90
	弃渣场区						10. 00		10. 00
	料场区		1. 00	6. 20					7. 20
	小计		4. 11	30. 79			10. 00		44. 90
合计		6. 17	14. 63	120. 96	14. 50	13. 35	12. 01	0. 96	182. 58

表 5-12　青海引大济湟调水总干渠工程损坏水土保持设施　（单位:hm²）

序号	行政分区	损坏水土保持设施面积					合计
		旱地	灌木林地	天然牧草地	内陆滩地	公路用地	
1	门源县	90. 17	6. 17	10. 52	13. 35	0. 96	121. 17
2	大通县	30. 79		4. 11			34. 90
3	合计	120. 96	6. 17	14. 63	13. 35	0. 96	156. 07

5. 3. 5. 4　防治分区及措施总体布局

根据项目区自然地理特点结合该工程的施工方法、工艺及施工进度、项目建设对水土流失影响的分析,将项目划分为三个一级分区,即枢纽及隧洞进口施工区、施工支洞施工区和隧洞出口施工区。在一级分区的基础上,分别划分不同的二级分区,具体见表5-13。

表5-13　调水总干渠工程水土流失防治分区

<table>
<tr><th colspan="2">水土流失防治分区</th><th>主要范围</th></tr>
<tr><td rowspan="9">枢纽及隧洞进口施工区</td><td>引水枢纽区</td><td>引水枢纽建筑物永久占地及施工导流建筑物临时占地</td></tr>
<tr><td>隧洞进口区</td><td>隧洞进口永久占地</td></tr>
<tr><td>施工生产生活区</td><td>施工工厂、施工临时生产生活区</td></tr>
<tr><td>工程生活管理区</td><td>永久生活管理区</td></tr>
<tr><td>施工道路区</td><td>永久道路和临时道路</td></tr>
<tr><td>弃渣场区</td><td>堆渣区域</td></tr>
<tr><td>料场区</td><td>料场开挖区域</td></tr>
<tr><td>水库淹没区</td><td>水库淹没、库岸塌陷</td></tr>
<tr><td>道路改建区</td><td>引水枢纽左右岸乡村四级公路改建</td></tr>
<tr><td rowspan="4">施工支洞施工区</td><td>支洞施工区</td><td>施工支洞区永久占地</td></tr>
<tr><td>施工道路区</td><td>永久道路和临时道路</td></tr>
<tr><td>弃渣场区</td><td>堆渣区域</td></tr>
<tr><td>施工生产生活区</td><td>施工工厂、施工临时生产生活区</td></tr>
<tr><td rowspan="6">隧洞出口施工区</td><td>隧洞出口区</td><td>隧洞出口永久占地</td></tr>
<tr><td>施工生产生活区</td><td>施工工厂、施工临时生产生活区</td></tr>
<tr><td>工程生活管理区</td><td>永久生活管理区</td></tr>
<tr><td>施工道路区</td><td>永久道路和临时道路</td></tr>
<tr><td>弃渣场区</td><td>堆渣区域</td></tr>
<tr><td>料场区</td><td>料场开挖区域</td></tr>
</table>

根据各水土流失防治类型区的水土流失特点、防治责任和防治目标,遵循治理与防护相结合,植物措施与工程措施相结合,治理水土流失与恢复、提高土地生产力相结合的原则,统筹布局各项水土保持措施,形成完整的水土流失防治体系,将工程整合为8个防治分区。

1)引水枢纽防治区

引水枢纽防治区主要包括土石坝、溢流坝、冲沙闸、导流建筑物等,工程开挖面和集中施工影响区面积较大。由于工程施工期间,施工工作面均在围堰拦挡之下,水土流而不失,故该区施工期间临时措施比较完善,本方案不重复考虑。新增水土保持措施以植物措施为主,主要为工程建筑物完工后对其周边裸露面进行绿化及导流建筑物部分引水面防冲刷临时防护措施。

2)隧洞进出口防治区

隧洞进出口防治区工程占地均为永久占地,洞口进口区岩石裸露,洞脸上部土层较薄,植被以短小灌木为主,出口区占地为耕地,开挖坡面较大。新增措施主要为洞口裸露面的绿化及施工期间的临时拦挡措施。

3)施工生产生活防护区

施工生产生活防治区包括枢纽及隧洞进口施工区、隧洞出口施工区及施工支洞施工区所需建筑材料的加工厂、机械修理厂、仓库、施工营地及其他临时构建物,占地类型为临时占地,占地类型涉及耕地和草地。施工结束后部分建筑物将要拆除,水土流失防护重点是施工期间布置合理的临时排水系统及临时拦挡铺盖措施,施工完成后,做好土地整治及植被恢复措施。

4)工程生活管理区

工程生活管理区占地类型涉及耕地、草地。水土流失防护措施为完善场地排水措施,并在此基础上,进行绿化、美化工程,为工作人员提供一个良好的工作环境。

5)弃渣场防治区

弃渣场是产生水土流失的重点地段,根据“先拦后弃”的弃渣原则,弃渣场防治区水土流失防治措施包括:弃渣前的表土堆放和临时防护、弃渣前的拦挡措施(如拦渣墙等)、渣场周围的排水系统、弃渣期间的护坡措施,以及弃渣完成后顶部的土地整治、植被恢复及复垦措施等。

6)料场防护区

料场防护区水土流失主要发生在开采期间,针对以上特点,该区防治重点是做好剥离表土的临时防护、料场开挖面的防护、料场周边排水措施、植被恢复措施及土地整治后的复垦措施。

7)道路防护区

道路防护区包括施工道路和改建道路,施工包括永久道路和临时道路,主体工程中已对路面铺设了碎石,减少了路面产生的水土流失。永久道路和改建道路的防治措施如下:道路两侧行道树栽植,两侧边坡防护。临时道路的防治措施如下:在道路两侧设置临时土质排水沟拦截路面来水而发生水力侵蚀,边坡的临时防护及临时道路拆除后的植被恢复措施。

8)支洞施工区

施工支洞主体工程防护区坐落在草地上,四周植被良好,措施为周边设置截排水沟,工程结束后恢复植被。

5.3.5.5 水土保持植物措施树草种选择

植物措施的设计应本着因地制宜、突出重点、全面布局的原则,结合工程措施,采取乔、灌、草相结合进行恢复,应用先进的技术,提高植被成活率,尽快恢复破坏植被,改善项目区及周边的生态环境。选择的植物品种特性见表5-14,分区植物措施及植物种类选择具体见表5-15。

5.3.5.6 防治效果分析

工程占地面积为182.58 hm^2,本方案水土保持措施面积为76.51 hm^2,其中植物措施面积为68.76 hm^2,可采取的植物措施面积为70.28 hm^2,林草植被恢复率为97.8%,林草覆盖率为64.3%。本工程建设将会产生水土流失总量10.91万t,各项措施实施后减少的水土流失量为9.57万t,土壤流失控制比0.8。

表 5-14 选择植物品种特性

植物名称	生物学特征
油松	喜光,适应干旱寒冷气候。在酸性、中性或石灰性土壤上均能生长。具有强大的主根系和向四周扩展的侧根,且根系穿凿能力强
侧柏	喜光,能适应干冷及湿润气候。对土壤要求不严,酸性土、中性土、钙质土上均能生长,但喜深厚、肥沃、排水性较好的土壤,不耐水涝
紫穗槐	丛生灌木、生长快,繁殖能力强,适应性广,耐盐碱、耐干旱、耐瘠薄、耐修剪。根系发达,并均有根瘤菌,能改良土壤,对土壤要求不严
云杉	青海省优势树种,喜光、耐旱、耐寒,生长快
红柳	柳属,又名旱柳,固沙保土优良树种,当地适生树种
沙棘	较速生灌木,耐阴、耐寒、耐湿、耐瘠薄
柠条	喜光,耐旱、耐高温、耐瘠薄,对土壤要求不高,在水土冲刷下的石质山地、黄土丘陵、风沙强烈的沙地、荒漠地带都能生长繁殖
丁香	灌木,花紫色,香气浓,耐旱、耐寒
无芒雀麦	喜冷凉、干燥气候,适应性强,根系发达,具有高度的抗旱性能,耐旱性强,不喜高温,对土壤要求不严,干旱瘠薄山地、盐碱地均能生长
紫花针茅	喜冷凉、干燥气候,适应性强,根系发达,具有高度的抗旱性能,耐旱性强,不喜高温,对土壤要求不严,干旱瘠薄山地、盐碱地均能生长
披碱草	绿化草坪,耐寒冷,耐干旱,成坪快

表 5-15 分区植物措施及植物种类选择

防治分区	植物措施地段	布局方案	选择原则	植物种类
引水枢纽及隧洞进出口防治区	裸露、平缓土质开挖面	对整个土质边坡松土播撒混合草种	易成活,多年生,适应性强的混合草种(草种比为 1:1)	无芒雀麦、紫花针茅混合草种
施工支洞防治区	裸露、平缓土质开挖面	对整个土质边坡松土播撒混合草种	易成活,多年生,适应性强的混合草种(草种比为 1:1)	无芒雀麦、紫花针茅混合草种
施工生产生活区防治区	临时占地为草地、荒地	在此范围内营造混合灌木林,其间撒播混合草种	易成活,多年生,适应性强的混合草种(草种比为1:1),适应性强,耐寒、耐寒、耐瘠薄灌木	披碱草、紫花针茅混合草种,沙棘,柠条
工程生活管理区防治区	空旷地绿化美化	营造适宜草坪,适当种植常绿乔木,点缀观赏性,易成活灌木	易成活,多年生,适应性强的混合草种(草种比为 1:1)营造草坪,种植一定数量的常绿乔木,点缀灌木	无芒雀麦、紫花针茅混合草种,油松,云杉,紫穗槐,丁香

续表 5-15

防治分区	植物措施地段	布局方案	选择原则	植物种类
道路防治区	临时占地为草地、荒地	在此范围内营造混合灌木林,其间撒播混合草种	易成活,多年生,适应性强的混合草种(草种比为1:1),适应性强,耐寒、耐寒、耐瘠薄灌木	披碱草、紫花针茅混合草种,沙棘,柠条
弃渣场防治区	渣顶	在弃渣顶部及弃渣边坡营造混合灌木林,其间撒播混合草种	易成活,多年生,适应性强的混合草种(草种比为1:1),适应性强,耐寒、耐寒、耐瘠薄灌木	无芒雀麦、紫花针茅混合草种,沙棘,柠条
料场防治区	土料场、块石料场开采面	在此范围内营造混合灌木林,其间撒播混合草种	易成活,多年生,适应性强的混合草种(草种比为1:1),适应性强,耐寒、耐寒、耐瘠薄灌木	无芒雀麦、紫花针茅混合草种,沙棘,柠条

5.3.6 对陆生动物的影响

根据国家批转林业局颁布实施的《国家重点保护野生动植物名录》,工程影响区没有珍稀濒危野生动物。工程施工区附近分布有纳拉村、大坂口村等村镇和牛场,人类活动频繁,且施工区旁有国道经过,车辆往来较多,据调查,该区域已多年未发现大型野生动物活动,工程施工活动不会对其产生影响。工程占地大部分为耕地,其次是草地和河谷灌木林地,门源县、大通县的保护性野生动物多栖息在海拔 3 500 m 以上的高山森林、高山灌丛中,因此工程建设不涉及保护性野生动物的次要栖息地。

由于本工程施工区域主要涉及河谷地区,在施工过程中的爆破、机械开挖、堆渣和车辆碾压使施工区域地貌与植被条件改变,使本区域部分两栖和爬行动物丧失其生存、繁衍的环境迁往他处,但不会危及这些动物的生存。

5.3.7 施工期陆生生态保护措施

本工程的修建将对生物和生境产生一定的间接与直接影响,根据生态环境影响研究结果,针对本项目建设过程中产生的主要生态问题,提出本工程生态减缓及恢复措施。

施工期间应注意生态环境的保护,尽量少占土地,减少对野生动植物的扰动。严禁施工人员猎杀、惊吓野生动物;加强宣传教育,严格管理措施,禁止施工区外毁林毁草;科学施工,严禁非法操作。施工期生态保护措施见表 5-16。

表 5-16　施工期生态保护措施

保护对象	因子	保护措施
陆生植物	生物量	(1)渣场、料场:保留表土 30 ~ 50 cm,结束后采取土地平整 + 表土覆盖 + 植被恢复,归还农民耕种,减少所造成的生物量损失; (2)施工工区:保留表土 30 ~ 50 cm,施工结束后及时采取土地平整 + 表层土填埋 + 植被恢复。临时占地归还农民耕种,永久占地种植当地物种加强绿化,补偿生物量损失; (3)淹没区:对淹没区淹没植物,在库周种植防护林带,补偿生物量损失; (4)严格记录施工前植被状况,施工完成后进行绿化,尽可能使生物量损失降到最低
陆生植物	物种多样性	(1)在施工区设置警示牌,标明施工活动区,并加强施工区生态保护的宣传教育,以公告、宣传册等形式,教育施工人员和附近居民,禁止到非施工区域活动,尽量减小施工活动区域; (2)合理安排施工期,优化施工方案,抓紧施工进度,尽快修复
陆生植被	景观环境	(1)合理设计弃渣场面积、高度,避免其对周围景观环境的影响; (2)在水土保持措施完成后,对渣场表面进行土地平整和表土覆盖,并依据植被生态演替的基本规律采取植被恢复措施,对料场造成的裸露地表采取植被恢复措施; (3)施工完成后,对场内交通道路进行平整,尽量恢复原有的景观类型; (4)做好出口区渣场以及附近宝库河、宁张公路两侧的植被恢复、绿化,减轻渣场与周围景观的不协调程度
陆生动物	物种数量、生境	(1)建立制度严禁施工人员捕猎野生动物,违者重处; (2)施工区边界设立警示牌,严禁施工人员进入施工区范围以外区域; (3)加强宣传教育,对施工人员和管理人员进行野生动物常识宣传,树立爱护野生动物的自觉性和责任感; (4)对施工区内各类动物加以保护,切实加强陆生动物的生境; (5)加强施工机械车辆运行管理,规定运输线路,严格禁止进入非施工区,以不惊扰周围野生动物生存为原则,最大限度地减轻施工活动对野生动物的影响

5.3.8　生态复垦目标及可达性分析

为了完成工程后的次生裸地生态复垦目标,应充分采用海拔 2 300 ~ 3 200 m 青藏高原地区植被恢复研究成果,主要的植被恢复途径是在水保工程措施的基础上,对于缺乏土壤的次生裸地实施表土回填,并采用乡土植物,如沙棘、垂穗披碱草、早熟禾等,植被恢复配置采用灌草结合方式,灌草结构为:沙棘 + 垂穗披碱草 + 早熟禾;草本结构为:垂穗披碱草 + 早熟禾。工程后的生态复垦目标为:

(1)采用沙棘、垂穗披碱草、早熟禾等乡土植物,可有效地防止外来物种侵入,加快自然恢复过程以及保持植物群落的稳定性。

(2)从青藏高原相同海拔区域及自然条件下的植被恢复效果来看,采用垂穗披碱草、早熟禾等草本植物恢复次生裸地，植被盖度达到原生状态需要 2 ~ 3 年的时间，而采用灌草配置模式，则能提高植被恢复效果，预计沙棘灌丛生长达到具有生态效应在 5 ~6 年。

从高原地区相应海拔水库周边地区植被恢复的调查来看，采用研究所提及的针对弃渣场、料场、施工场地等次生裸地的生态复垦目标是可达到的。

5.4 工程施工对水生生物影响及环境保护措施分析

根据施工期水环境影响保护措施，施工废水、生活污水均处理后回用不外排，不会造成涉及河段的水质污染，工程施工期间围堰截流、河床开挖、挖沙取石等施工活动使河流内的泥沙含量增加，对鱼类有一定影响。此外施工噪声和爆破作业，对工程区附近的鱼类产生惊吓（见表 5-17）。

表 5-17 施工期水生生物影响分析

施工活动	影响原因	影响区域	影响类型
围堰截流、河床开挖、挖沙取石	泥沙	坝址下游一定距离	短期，可恢复
施工开挖爆破	噪声	引水隧道进水口区域	短期，可恢复
施工人员	捕捉	鱼类相对密集区域	短期

施工期的噪声和泥沙对工程区附近鱼类的影响是较大的，主要是造成鱼类受噪声影响而逃离，或对坝址以下河段的鱼类的生活、繁殖、幼鱼索饵造成一定影响。施工人员捕捉鱼类影响大，鱼类资源下降。施工期的不利影响是暂时的，工程竣工后绝大部分影响会消除。

施工期间，应采取以下措施，减轻对水生生物的影响：

（1）加大宣传力度，提高施工人员的生态环境保护意识，严禁施工人员下河捕鱼和非法捕捞作业，禁止向水体中投掷物体污染水体。

（2）严禁施工废水和生活污水排入大通河和宝库河。

（3）对强噪声源设置控噪装置，爆破中不放大炮，减小对水生生物的影响。

（4）禁止施工运输车辆大声鸣笛，控制车辆运输过程中的交通噪音对水生生物的影响。

第6章 工程运行对调水区生态环境影响及对策措施研究

6.1 工程对大通河水文情势及生态水量的影响分析

工程可行性研究与水资源论证报告各设计了一套调水方案，本研究分别对可行性研究、水资源论证的调水方案成果进行分析，研究两方案实施后对调水河流大通河水文情势的影响、生态水量的影响，并根据影响程度推荐环境合理的调水方案。

6.1.1 调水河流代表断面及水文资料分析

调水河流大通河一般分三段：河源—尕大滩、尕大滩—天堂寺、天堂寺—享堂。尕大滩、天堂寺、享堂三个水文站分布于大通河的上、中、下游，三站的天然径流情况可代表大通河的年径流变化特性。尕大滩水文站位于上铁迈引水枢纽上游约 2.7 km 处，与坝址间无汇水和用水，可作为枢纽坝址代表断面，下简称坝址断面。

研究选用尕大滩、天堂寺、享堂三个断面作为取水口下游河段水文情势分析的代表断面，选取 1956 ~ 2000 年水文系列，分别根据可行性研究、水资源论证设计的调水方案，研究调水所引起大通河水文情势的变化情况。

6.1.2 不同典型年调水对坝址断面水文情势影响分析

6.1.2.1 可行性研究调水过程对坝址断面水文情势影响研究

1）多年平均调水过程

多年平均条件下，坝址断面 2015 年、2020 年、2030 年年径流量较调水前分别减少了 10.1%、11.9% 和 16.2%（见表 6-1），逐月流量变化范围为 4.77 ~ 15.34 m^3/s，逐月流量减少比例范围为 3.8% ~ 55%，其中受调水影响最大的是 4 月、10 月和 11 月，2030 年水量减少比例分别达到 55.0%、42.7% 和 48.2%。坝址断面逐月水位下降范围为 0.03 ~ 0.13 m，10 月水位变化最大。

2）枯水年（P = 75%）调水过程

枯水典型年，坝址断面 2015 年、2020 年、2030 年水量较调水前分别减少了 12%、15% 和 25%，逐月流量变化范围为 5.14 ~ 31.15 m^3/s，总体来看，受调水影响最大的仍是 4 月、10 月和 11 月，2030 年水量减少比例分别达到 68%、79% 和 64%。坝址断面逐月水位下降范围为 0.03 ~ 0.21 m。

3）特枯年（P = 90%）调水过程

特枯典型年，尕大滩断面 2015 年、2020 年、2030 年水量较调水前分别减少了 18%、21% 和 28%，逐月流量变化范围为 5.14 ~ 30.42 m^3/s，受调水影响最大的是 4 月、10 月和

11 月,2030 年水量减少比例分别达到69%、82%和63%。坝址断面逐月水位下降范围为 0.03 ~0.20 m。

表 6-1 坝址断面可研调水前后各月流量对比 (单位:m³/s)

水平年	保证率	流量	4 月	5 月	6 月	7 月	8 月	9 月	10 月	11 月	平均
2015	多年平均	调水前	27.60	55.50	82.10	135.00	117.00	97.40	45.20	18.20	50.20
		调水后	18.48	48.23	76.63	129.88	112.23	91.76	29.86	10.06	45.13
		减少量	9.12	7.27	5.47	5.12	4.77	5.64	15.34	8.14	5.07
		减少比例(%)	33	13	7	4	4	6	34	45	10
	P =75%	调水前	26.70	62.10	90.70	165.00	64.50	41.20	27.70	15.60	43.10
		调水后	21.56	56.96	85.56	159.86	59.36	36.06	6.68	5.80	37.96
		减少量	5.14	5.14	5.14	5.14	5.14	5.14	21.02	9.80	5.14
		减少比例(%)	19	8	6	3	8	12	76	63	12
	P =90%	调水前	27.00	31.10	66.30	123.00	78.90	67.60	30.30	14.90	38.30
		调水后	11.88	18.55	58.84	117.86	73.76	62.46	8.68	5.70	31.52
		减少量	15.12	12.55	7.46	5.14	5.14	5.14	21.62	9.20	6.78
		减少比例(%)	56	40	11	4	7	8	71	62	18
2020	多年平均	调水前	27.60	55.50	82.10	135.00	117.00	97.40	45.20	18.20	50.20
		调水后	16.97	47.27	75.44	128.72	111.03	89.52	26.93	10.22	44.21
		减少量	10.63	8.23	6.66	6.28	5.97	7.88	18.27	7.98	5.99
		减少比例(%)	39	15	8	5	5	8	40	44	12
	P =75%	调水前	26.70	62.10	90.70	165.00	64.50	41.20	27.70	15.60	43.10
		调水后	16.99	55.76	84.36	158.66	58.16	27.81	6.50	5.80	36.48
		减少量	9.71	6.34	6.34	6.34	6.34	13.39	21.20	9.80	6.62
		减少比例(%)	36	10	7	4	10	33	77	63	15
	P =90%	调水前	27.00	31.10	66.30	123.00	78.90	67.60	30.30	14.90	38.30
		调水后	10.94	17.60	57.86	116.66	72.56	56.51	6.20	5.70	30.38
		减少量	16.06	13.50	8.44	6.34	6.34	11.09	24.10	9.20	7.92
		减少比例(%)	59	43	13	5	8	16	80	62	21
2030	多年平均	调水前	27.60	55.50	82.10	135.00	117.00	97.40	45.20	18.20	50.20
		调水后	12.41	44.79	72.97	126.24	108.16	80.72	25.92	9.42	42.09
		减少量	15.19	10.71	9.13	8.76	8.84	16.68	19.28	8.78	8.11
		减少比例(%)	55	19	11	6	8	17	43	48	16
	P =75%	调水前	26.70	62.10	90.70	165.00	64.50	41.20	27.70	15.60	43.10
		调水后	9.20	53.22	81.82	156.12	41.94	10.05	6.50	5.80	32.36
		减少量	17.50	8.88	8.88	8.88	22.56	31.15	21.20	9.80	10.74
		减少比例(%)	66	14	10	5	35	76	77	63	25
	P =90%	调水前	27.00	31.10	66.30	123.00	78.90	67.60	30.30	14.90	38.30
		调水后	9.00	15.11	55.34	114.12	70.02	37.18	6.20	5.70	27.76
		减少量	18.00	15.99	10.96	8.88	8.88	30.42	24.10	9.20	10.54
		减少比例(%)	67	51	17	7	11	45	80	62	28

总体来看,相对多年平均来水条件,75%典型年和90%典型年调水后水量减小比例

相对较大,整个调水期坝址断面流量年平均减少比例为12% ~28%。总的来说,引大济湟调水总干渠工程调水对尕大滩河段水文情势有影响。

6.1.2.2 水资源论证调水过程对坝址断面水文情势影响研究

各水平年不同典型年条件下,水资源论证逐月调水过程详见表6-2。

表6-2 水资源论证逐月调水流量

(单位:m^3/s)

月份	2015年			2020年			2030年		
	多年平均	$P=75\%$	$P=90\%$	多年平均	$P=75\%$	$P=90\%$	多年平均	$P=75\%$	$P=90\%$
4	14.14	13.62	6.66	14.14	13.62	6.66	14.14	13.62	6.66
5	18.59	21.04	4.82	19.33	21.04	4.82	19.66	21.04	4.82
6	17.01	25.65	14.97	19.26	31.04	14.97	22.88	31.04	14.97
7	8.49	0.17	30.79	12.04	8.31	30.79	18.43	17.81	30.79
8	3.67	0	11.76	4.76	0.62	20.49	8.46	2.84	31.45
9	0.54	0	0	0.77	0	0	1.63	1.93	0.52
10	4.39	6.07	6.34	5.17	6.07	7.45	6.8	6.07	8.65
11	3.65	5.77	4.56	4.42	5.77	4.56	5.63	5.77	4.56

1)多年平均调水过程

多年平均条件下,坝址断面2015年、2020年、2030年年径流量较调水前分别减少了12%、13%和16%(见表6-3),逐月流量变化范围为0.54 ~22.88 m^3/s,逐月流量减少比例范围为1% ~51%,其中受调水影响最大的是4月和5月,2030年水量减少比例分别达到51%和35%。坝址断面逐月水位下降范围为0 ~0.14 m。

表6-3 坝址断面水资源论证调水前后各月流量对比

(单位:m^3/s)

水平年	保证率	流量	4月	5月	6月	7月	8月	9月	10月	11月	平均
2015	多年平均	调水前	27.60	55.50	82.10	135.00	117.00	97.40	45.20	18.20	50.20
		调水后	13.46	36.91	65.09	126.51	113.33	96.86	40.81	14.55	44.33
		减少量	14.14	18.59	17.01	8.49	3.67	0.54	4.39	3.65	5.87
		减少比例(%)	51	33	21	6	3	1	10	20	12
	$P=75\%$	调水前	26.70	62.10	90.70	165.00	64.50	41.20	27.70	15.60	43.10
		调水后	13.08	41.06	65.05	164.83	64.50	41.20	21.63	9.83	37.07
		减少量	13.62	21.04	25.65	0.17	0.00	0.00	6.07	5.77	6.03
		减少比例(%)	51	34	28	0	0	0	22	37	14
	$P=90\%$	调水前	27.00	31.10	66.30	123.00	78.90	67.60	30.30	14.90	38.30
		调水后	20.34	26.28	51.33	92.21	67.14	67.60	23.96	10.34	31.64
		减少量	6.66	4.82	14.97	30.79	11.76	0.00	6.34	4.56	6.66
		减少比例(%)	25	15	23	25	15	0	21	31	17

续表 6-3

水平年	保证率	流量	4 月	5 月	6 月	7 月	8 月	9 月	10 月	11 月	平均
2020	多年平均	调水前	27.60	55.50	82.10	135.00	117.00	97.40	45.20	18.20	50.20
		调水后	13.46	36.17	62.84	122.96	112.24	96.63	40.03	13.78	43.54
		减少量	14.14	19.33	19.26	12.04	4.76	0.77	5.17	4.42	6.66
		减少比例(%)	51	35	23	9	4	1	11	24	13
	$P=75\%$	调水前	26.70	62.10	90.70	165.00	64.50	41.20	27.70	15.60	43.10
		调水后	13.08	41.06	59.66	156.69	63.88	41.20	21.63	9.83	35.89
		减少量	13.62	21.04	31.04	8.31	0.62	0.00	6.07	5.77	7.21
		减少比例(%)	51	34	34	5	1	0	22	37	17
	$P=90\%$	调水前	27.00	31.10	66.30	123.00	78.90	67.60	30.30	14.90	38.30
		调水后	20.34	26.28	51.33	92.21	58.41	67.60	22.85	10.34	30.82
		减少量	6.66	4.82	14.97	30.79	20.49	0.00	7.45	4.56	7.48
		减少比例(%)	25	15	23	25	26	0	25	31	20
2030	多年平均	调水前	27.60	55.50	82.10	135.00	117.00	97.40	45.20	18.20	50.20
		调水后	13.46	35.84	59.22	116.57	108.54	95.77	38.40	12.57	42.06
		减少量	14.14	19.66	22.88	18.43	8.46	1.63	6.80	5.63	8.14
		减少比例(%)	51	35	28	14	7	2	15	31	16
	$P=75\%$	调水前	26.70	62.10	90.70	165.00	64.50	41.20	27.70	15.60	43.10
		调水后	13.08	41.06	59.66	147.19	61.66	39.27	21.63	9.83	34.76
		减少量	13.62	21.04	31.04	17.81	2.84	1.93	6.07	5.77	8.34
		减少比例(%)	51	34	34	11	4	5	22	37	19
	$P=90\%$	调水前	27.00	31.10	66.30	123.00	78.90	67.60	30.30	14.90	38.30
		调水后	20.34	26.28	51.33	92.21	47.45	67.08	21.65	10.34	29.77
		减少量	6.66	4.82	14.97	30.79	31.45	0.52	8.65	4.56	8.54
		减少比例(%)	25	15	23	25	40	1	29	31	22

2)枯水年($P=75\%$)调水过程

枯水典型年,坝址断面2015年、2020年、2030年水量较调水前分别减少了14%、17%和19%,逐月流量变化范围为0~31.04 m^3/s,总体来看,受调水影响最大的仍是4月和5月,2030年水量减少比例分别达到51%和34%。坝址断面逐月水位下降范围为0~0.19 m。

3)特枯年($P=90\%$)调水过程

特枯典型年,尕大滩断面2015年、2020年、2030年水量较调水前分别减少了17%、20%和22%,逐月流量变化范围为0~31.45 m^3/s,受调水影响最大的是8月和11月,2030年水量减少比例分别达到40%和31%。坝址断面逐月水位下降范围为0~0.20 m。

总体来看,相对多年平均来水条件,75%典型年和90%典型年调水后水量减小比例相对较大,整个调水期坝址断面流量年平均减少比例为12%~22%。总的来说,引大济湟调水总干渠工程调水对尕大滩河段水文情势有影响。

6.1.3 对坝址下游水文情势的影响

天堂寺断面位于大通河中游,在坝址断面下游163 km处,距大通河入湟水河口100 km;享堂断面位于大通河下游,在坝址下游约261 km处,距入湟水河口1.9 km。

6.1.3.1 可行性研究调水过程对坝址下游水文情势影响研究

1)天堂寺水文情势变化

调水后,多年平均条件下,天堂寺断面流量2015年、2020年、2030年平均减少比例分别为6.4%、7.5%和10.2%。不同典型年,天堂寺断面流量2015年、2020年、2030年平均减少比例分别为6%~10%、8%~12%、10%~16%,见表6-4。总体来看,工程调水对天堂寺河段水文情势影响程度较小。

表6-4 可行性研究调水对天堂寺断面水文情势影响分析 (%)

水平年	典型年	4月	5月	6月	7月	8月	9月	10月	11月	平均
2015	多年平均	19	9	5	3	3	4	19	21	6
	$P=75\%$	9	8	4	5	3	3	24	23	7
	$P=90\%$	34	18	10	3	6	4	29	26	10
2020	多年平均	23	10	6	3	3	5	23	21	8
	$P=75\%$	17	10	4	6	4	8	24	23	9
	$P=90\%$	36	19	12	4	8	8	32	26	12
2030	多年平均	32	13	8	5	5	11	24	23	10
	$P=75\%$	31	14	6	9	15	20	24	23	14
	$P=90\%$	40	23	15	5	11	22	32	26	16

2)享堂水文情势变化

调水后,多年平均条件下,享堂断面流量2015年、2020年、2030年平均减少比例分别为5.6%、6.6%和9.0%。不同典型年,享堂断面流量2015年、2020年、2030年平均减少比例分别为6%~9%、7%~11%、9%~15%,见表6-5。总体来看,工程调水对享堂河段水文情势影响程度较小。

表6-5 可行性研究调水对享堂断面水文情势影响分析 (%)

水平年	典型年	4月	5月	6月	7月	8月	9月	10月	11月	平均
2015	多年平均	17	8	4	2	2	3	17	18	6
	$P=75\%$	8	7	3	4	3	3	24	23	6
	$P=90\%$	31	27	16	5	2	3	23	22	9
2020	多年平均	20	9	5	3	3	5	20	17	7
	$P=75\%$	17	10	4	6	4	8	24	23	8
	$P=90\%$	32	29	19	6	3	7	26	22	11
2030	多年平均	28	11	7	4	4	10	21	19	9
	$P=75\%$	26	12	6	8	15	18	24	23	13
	$P=90\%$	36	34	24	8	4	20	26	22	15

6.1.3.2 水资源论证调水过程对坝址下游水文情势影响研究

1)天堂寺水文情势变化

天堂寺断面多年平均来水量为25.6亿 m^3,调水后,多年平均条件下,天堂寺断面流量2015年、2020年、2030年平均减少比例分别为7%、8%和10%,年径流量分别减少1.85亿 m^3、2.10亿 m^3、2.56亿 m^3。不同典型年,天堂寺断面流量2015年、2020年、2030年平均减少比例分别为7%~10%、8%~11%、10%~13%,详见表6-6。总体来看,工程调水对天堂寺河段水文情势影响程度较小。

表6-6 水资源论证调水对天堂寺断面水文情势影响分析 (%)

水平年	典型年	4月	5月	6月	7月	8月	9月	10月	11月	年均	年来水量(亿 m^3)	年调水量(亿 m^3)
2015	多年平均	30	22	14	5	2	0	6	9	7	25.6	1.85
	$P=75\%$	24	33	18	0	0	0	7	14	8	23.5	1.90
	$P=90\%$	15	7	21	17	14	0	8	13	10	20.5	2.10
2020	多年平均	30	23	16	7	3	1	7	11	8	25.6	2.10
	$P=75\%$	24	33	22	8	0	0	7	14	10	23.5	2.27
	$P=90\%$	15	7	21	17	24	0	10	13	11	20.5	2.36
2030	多年平均	30	23	19	10	5	1	9	15	10	25.6	2.56
	$P=75\%$	24	33	22	17	2	1	7	14	11	23.5	2.63
	$P=90\%$	15	7	21	17	37	0	11	13	13	20.5	2.69

2)享堂水文情势变化

享堂断面多年平均来水量为29.1亿 m^3,调水后,多年平均条件下,享堂断面流量2015年、2020年、2030年平均减少比例分别为6%、7%和9%。不同典型年,享堂断面流量2015年、2020年、2030年平均减少比例分别为6%~9%、7%~10%、9%~12%,见表6-7。总体来看,工程调水对享堂河段水文情势影响程度较小。

表6-7 水资源论证调水对享堂断面水文情势影响分析 (%)

水平年	典型年	4月	5月	6月	7月	8月	9月	10月	11月	年均	年来水量(亿 m^3)	年调水量(亿 m^3)
2015	多年平均	26	19	13	4	2	0	5	8	6	29.1	1.85
	$P=75\%$	21	28	17	0	0	0	7	13	8	24.3	1.90
	$P=90\%$	13	10	33	27	5	0	7	11	9	23.1	2.10
2020	多年平均	26	20	15	6	2	0	6	10	7	29.1	2.10
	$P=75\%$	21	28	21	7	0	0	7	13	9	24.3	2.27
	$P=90\%$	13	10	33	27	9	0	8	11	10	23.1	2.36
2030	多年平均	26	20	18	9	4	1	7	12	9	29.1	2.56
	$P=75\%$	21	28	21	15	2	1	7	13	10	24.3	2.63
	$P=90\%$	13	10	33	27	13	0	9	11	12	23.1	2.69

可行性研究调水过程下大通河代表断面尕大滩、天堂寺、享堂多年平均水文情势变化见图6-1~图6-9。

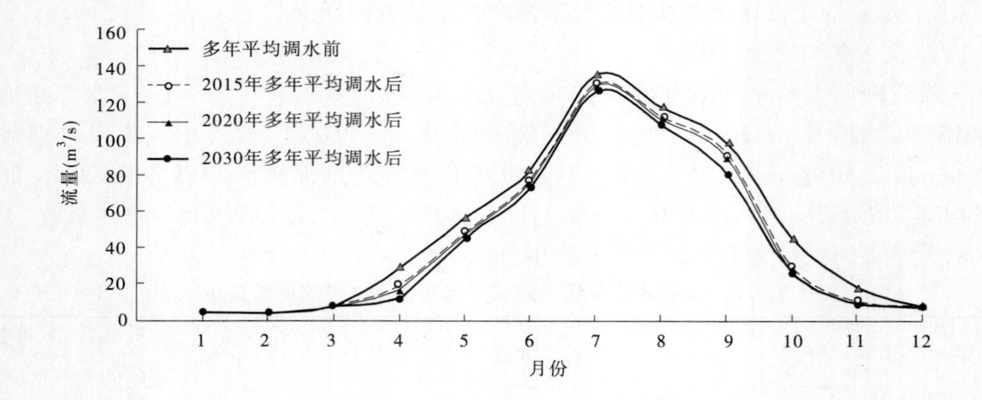

图 6-1　多年平均工程运行前后尕大滩断面逐月流量过程线

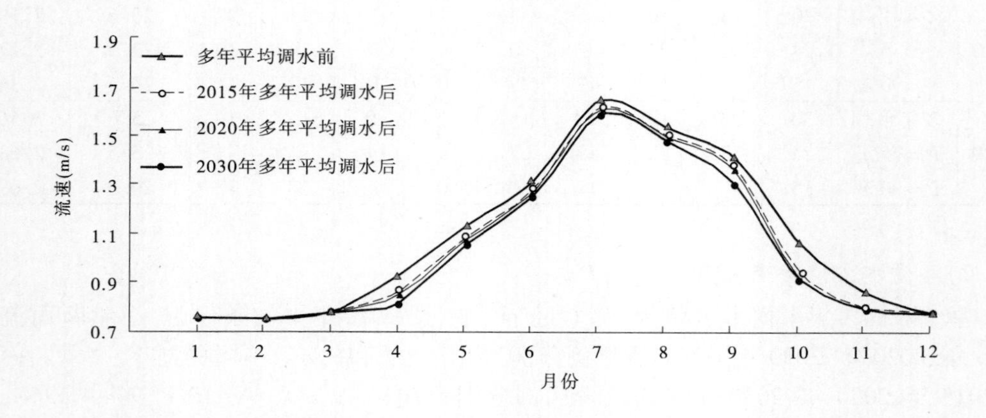

图 6-2　多年平均工程运行前后尕大滩断面逐月流速过程线

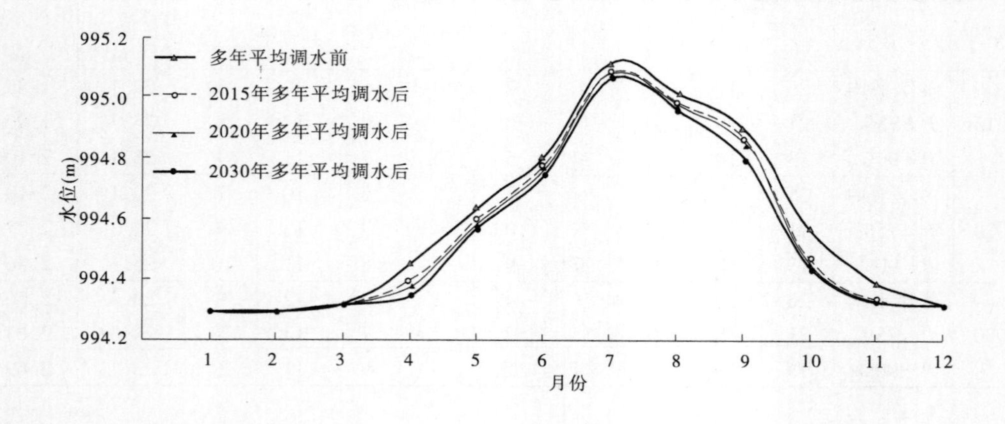

图 6-3　多年平均工程运行前后尕大滩断面逐月水位过程线

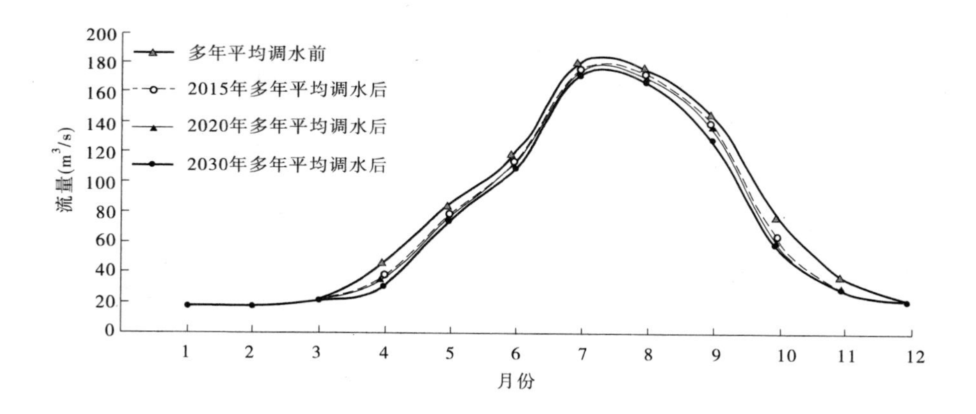

图 6-4　多年平均工程运行前后天堂寺断面逐月流量过程线

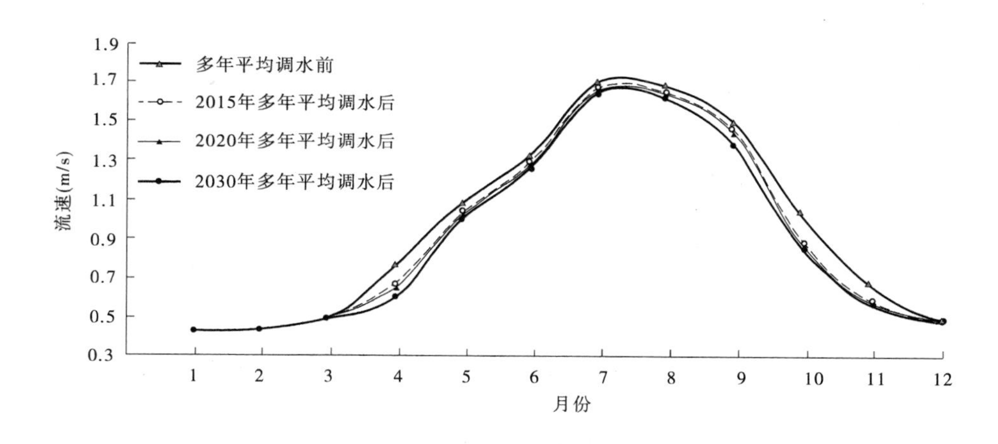

图 6-5　多年平均工程运行前后天堂寺断面逐月流速过程线

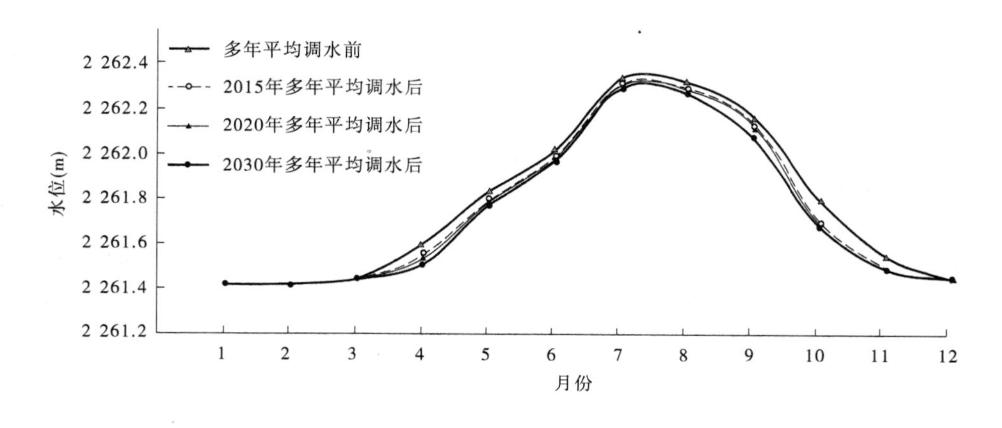

图 6-6　多年平均工程运行前后天堂寺断面逐月水位过程线

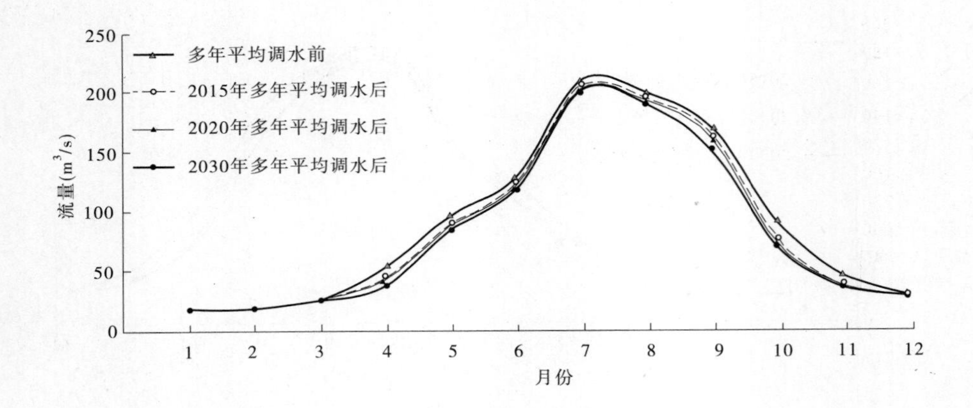

图 6-7　多年平均工程运行前后享堂断面逐月流量过程线

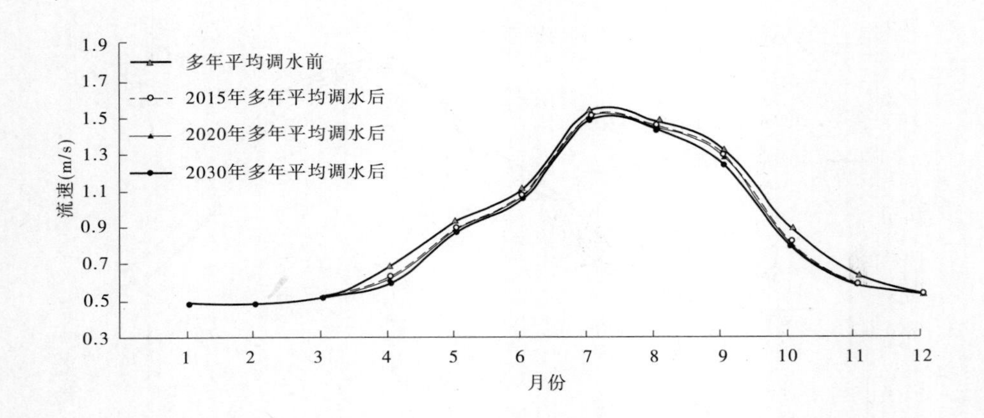

图 6-8　多年平均工程运行前后享堂断面逐月流速过程线

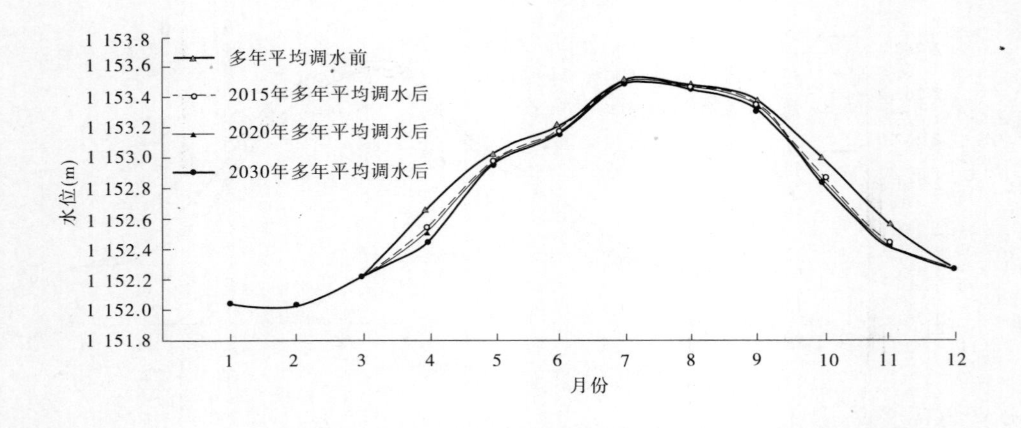

图 6-9　多年平均工程运行前后享堂断面逐月水位过程线

水资源论证调水过程下大通河代表断面尕大滩、天堂寺、享堂多年平均水文情势变化见图6-10～图6-18。

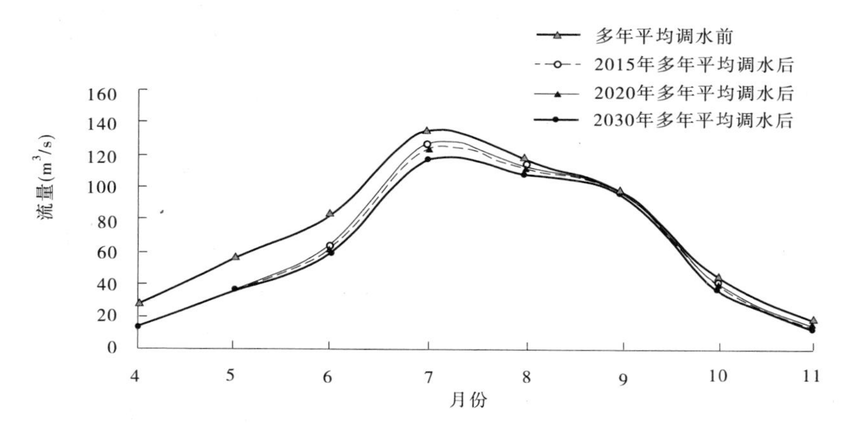

图6-10　多年平均工程运行前后尕大滩断面逐月流量过程线

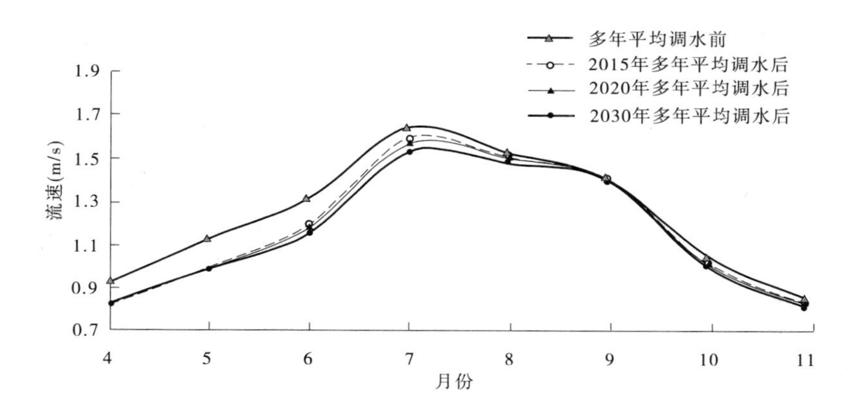

图6-11　多年平均工程运行前后尕大滩断面逐月流速过程线

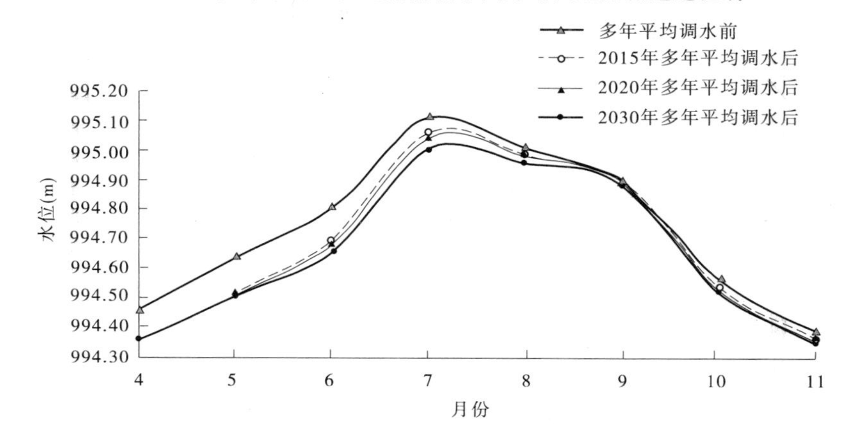

图6-12　多年平均工程运行前后尕大滩断面逐月水位过程线

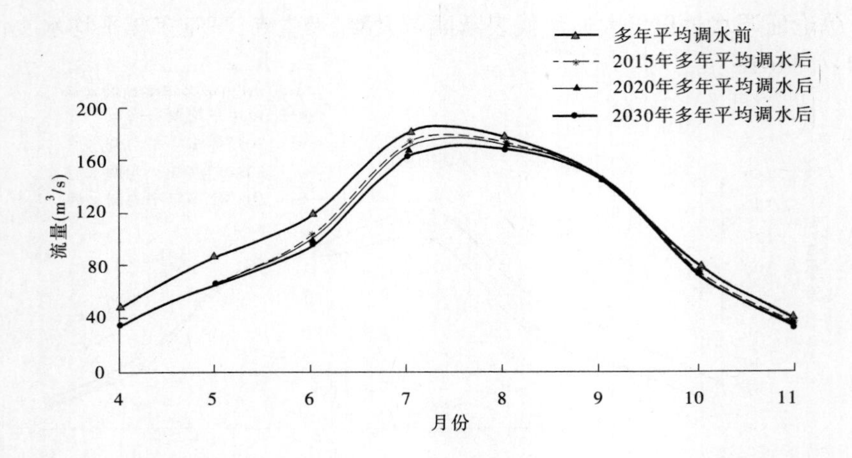

图 6-13　多年平均工程运行前后天堂寺断面逐月流量过程线

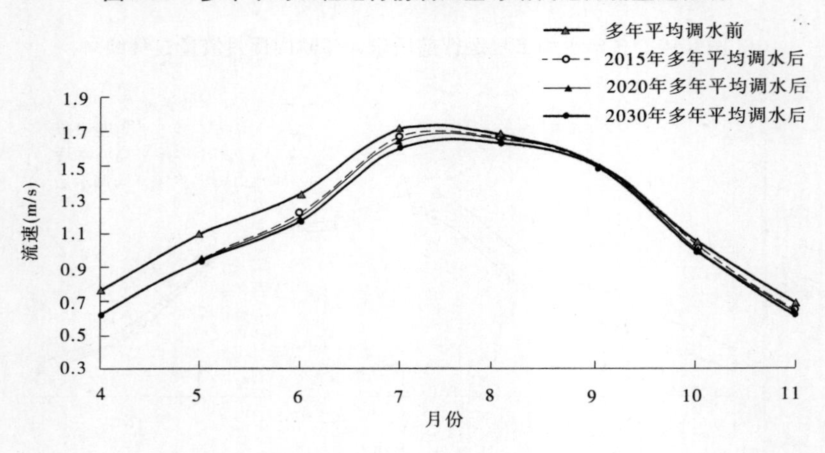

图 6-14　多年平均工程运行前后天堂寺断面逐月流速过程线

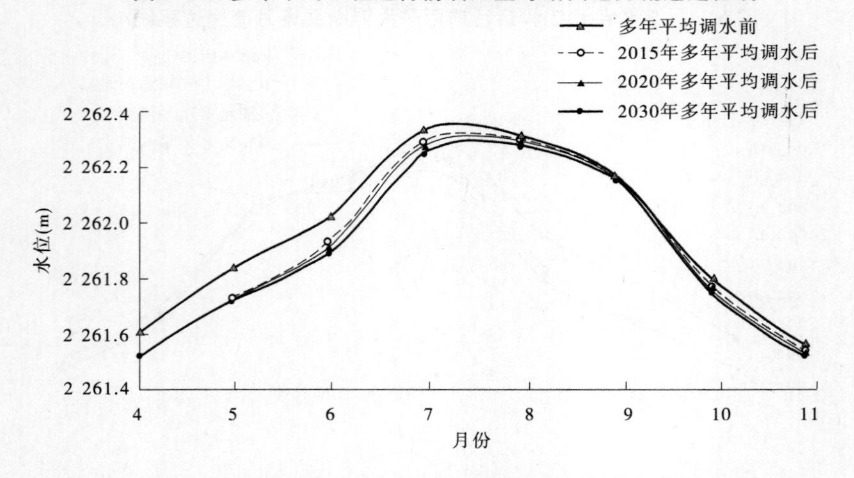

图 6-15　多年平均工程运行前后天堂寺断面逐月水位过程线

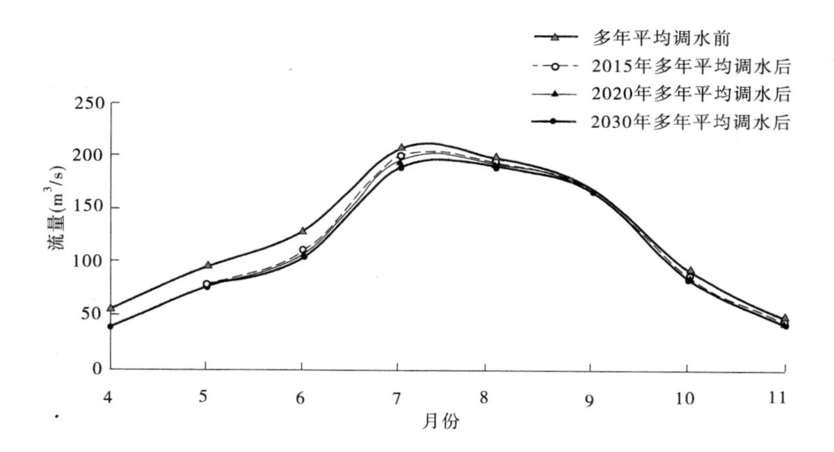

图 6-16　多年平均工程运行前后享堂断面逐月流量过程线

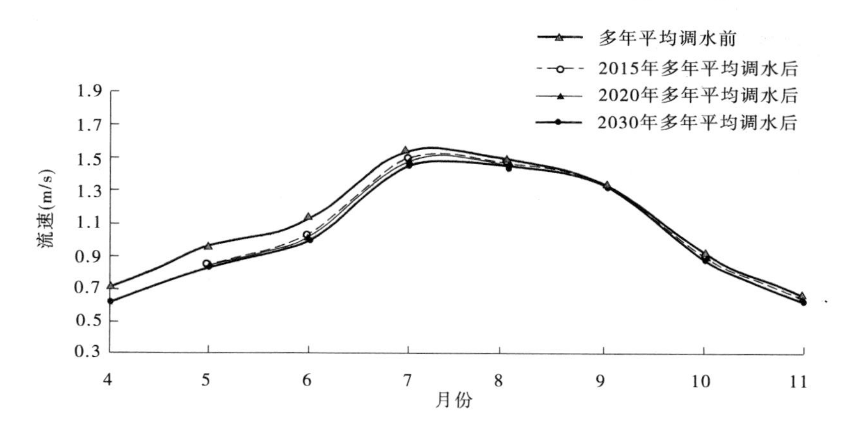

图 6-17　多年平均工程运行前后享堂断面逐月流速过程线

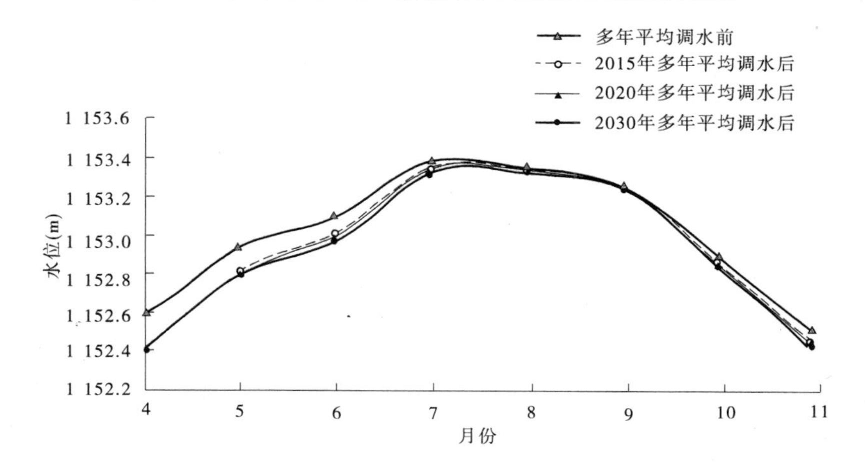

图 6-18　多年平均工程运行前后享堂断面逐月水位过程线

6.1.4　工程调水对大通河生态环境需水影响分析

6.1.4.1　大通河生态流量计算方法

由于工程12月、1月、2月、3月不调水，引水枢纽敞泄，因此本研究仅确定调水时段内大通河的生态流量。

1）计算方法

针对大通河径流特征和环境特征，研究选择了水文学的Tennant法、90%保证率最枯月平均流量法，分别计算生态流量，并对不同方法得到的结果进行比较论证，研究确定引水枢纽下游河道生态流量。

2）研究选取的基础资料系列

采用1956～2000年的尕大滩、天堂寺实测水文资料系列，不再进行还原计算，享堂站采用《青海省引大济湟工程规划报告》中还原成果。尕大滩站多年平均流量50.2 m^3/s，平均径流量15.8亿m^3。

6.1.4.2　生态流量的计算

1）Tennant法确定生态流量

Tennant法以河流水生态健康情况下的多年平均流量观测值为基准，将保护水生态和水环境的河流流量划分为若干个等级，并依据水生物对环境的季节性要求不同，分为4～9月鱼类产卵、育肥期和10月至次年3月的一般用水期，推荐的标准值是以河流健康状况下多年平均流量值的百分数为基础（见表6-8）。

表6-8　保护鱼类、野生动物、娱乐和有关环境资源的河流流量状况　（单位：m^3/s）

流量状况描述	推荐的基流10月至次年3月（平均流量）	推荐的基流4～9月（平均流量）
泛滥或最大		200（48～72 h）
最佳范围	60～100	60～100
很好	40	60
好	30	50
良好	20	40
一般或较差	10	30
差或最小	10	10
极差	0～10	0～10

根据大通河水生生态系统特征、冰封期及径流年内分配情况，把大通河划分为11月至次年4月和5～10月两个时段，研究推荐11月至次年4月取代表断面多年平均流量的10%作为相应河段的最低生态流量，以代表断面多年平均流量的20%作为相应河段的适宜生态流量。5～10月为大通河河谷灌丛植物的生长期，且大通河鱼类的产卵期也主要集中在5～8月，因此5～10月取代表断面多年平均流量的40%作为相应河段的生态流量。计算结果见表6-9，引水枢纽坝址尕大滩断面11月、4月的最低生态流量为多年平均流量的10%，即5.0 m^3/s，5～10月的生态流量为多年平均流量的40%，即20.1 m^3/s。

表 6-9 Tennant 法确定大通河生态流量 （单位：m^3/s）

站点		多年平均流量	生态流量	河道流量控制要求
尕大滩	11 月、4 月	50.2	5.0	11 月、4 月流量保持在多年平均流量的 10% 以上；5 ~ 10 月流量保持在多年平均流量的 40% 以上
	5 ~ 10 月		20.1	
天堂寺	11 月、4 月	79.5	8.0	
	5 ~ 10 月		31.8	
享堂	11 月、4 月	90.5	9.1	
	5 月 ~ 10 月		36.2	

2）90% 保证率最枯月平均流量法

按矩法估算参数，采用 P－Ⅲ型曲线适线，分别计算出各站 90% 保证率最枯月流量，作为大通河生态流量，结果见表 6-10。

表 6-10 90% 保证率最枯月平均流量法确定生态流量 （单位：m^3/s）

项目	尕大滩	天堂寺	享堂
生态流量	2.34	13.1	15.1

3）大通河鱼类需水

确定生态流量时，须考虑鱼类等敏感用水目标，以大通河鱼类繁殖时段的水量需求为条件，确定大通河鱼类适宜的生态流量。

根据水生生物现场调查以及文献记载，大通河需要保护的鱼类主要为拟鲇高原鳅、厚唇裸重唇鱼、花斑裸鲤、黄河裸裂尻鱼，这几种鱼类的产卵期主要集中在 5 ~ 8 月，拟鲇高原鳅、花斑裸鲤产卵场的水流速要求为 0.2 ~ 0.8 m/s。根据大通河取水河段尕大滩断面的流量—流速关系（见图 6-19）可知，该断面流速为 0.2 ~ 0.8 m/s 时，对应的流量范围为 0.75 ~ 21.6 m^3/s。

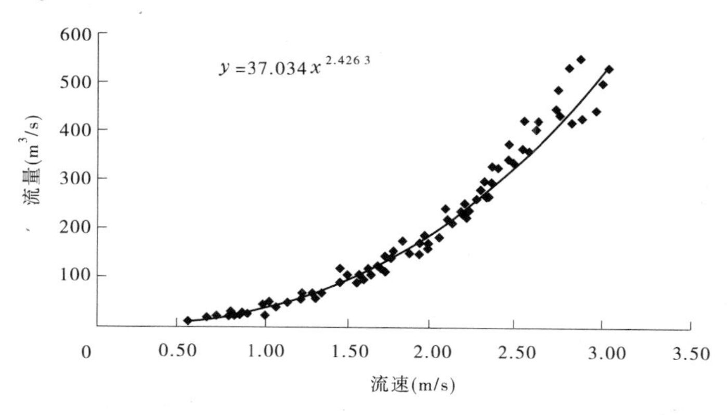

图 6-19 尕大滩断面的流量—流速关系曲线

4）项目水资源论证确定的生态流量

从下游生态环境保护和全河水资源配置的角度出发，为了更好地维持目前大通河上游的生态完整性，项目水资源论证推荐11月、4月取尕大滩断面多年平均流量的20%，即10 m^3/s；5～10月取尕大滩断面多年平均流量的40%，即20 m^3/s，作为生态基流。

6.1.4.3 大通河生态流量的确定

大通河上中游属高寒地区，人口稀少，社会经济较不发达，区域生产、生活排污少，生态环境较好，采用Tennant法确定生态流量更为合适，但从对环境影响最不利的角度出发，冬季枯水期生态流量取两种计算方法的最大值，结合大通河鱼类产卵的流速、流量要求，考虑河段天然来水情况，确定大通河适宜生态流量。大通河各主要断面适宜生态流量计算结果见表6-11，其中，坝址代表断面尕大滩断面11月、4月的最低生态流量为5.0 m^3/s，适宜生态流量为10.0 m^3/s，5～10月适宜生态流量为20.1 m^3/s。研究确定11月、4月的下泄生态流量10.0 m^3/s，5～10月下泄生态流量20.1 m^3/s。

表6-11 大通河生态流量结果 （单位：m^3/s）

站点		生态流量
尕大滩	11月、4月	10.0
	5～10月	20.1
天堂寺	11月、4月	13.1
	5～10月	31.8
享堂	11月、4月	15.1
	5～10月	36.2

6.1.4.4 对生态流量的影响

研究思路：分析调水后大通河引水枢纽下游各断面下泄流量对生态流量的满足程度，提出保证引水枢纽下游生态环境用水的建议或措施。

1）可行性研究调水过程对大通河生态流量的影响分析

a. 长系列条件下调水后对坝址断面生态水量满足程度分析

对1956年7月至2000年6月长系列44年（共528个月）调水后坝址断面下泄流量进行了分析，分析其对尕大滩断面生态水量的满足程度（即下泄水量满足生态环境水量的月数占总月数的比例）。

分析计算结果显示，2015年、2020年、2030年调水后尕大滩断面下泄水量的生态水量保证率分别为98.5%、98.5%和97.6%，基本可满足调水河段生态环境水量要求，其中7月、8月、10月、11月、4月下泄流量可完全满足生态环境水量，6月、9月可基本满足，5月生态水量满足程度相对较低，为80%、86%，见表6-12。

表6-12 长系列水文资料条件下调水后坝址断面生态环境水量保证率 （%）

水平年	7月	8月	9月	10月	11月	4月	5月	6月
2015	100	100	98	100	100	100	86	98
2020	100	100	98	100	100	100	86	98
2030	100	100	93	100	100	100	80	98

对长系列水文资料条件下的生态水量保证率进行统计分析（见图6-20），2030年水平

下,44 年资料系列中,调水后尕大滩断面共有 9 年 5 月份的下泄水量不能满足断面 20.1 m³/s的生态环境水量要求,在这 9 个年份中,其中有 4 年 5 月份的下泄水量在 17.39 ~ 19.78 m³/s,已非常接近生态环境水量。其余的 5 年中,有 3 年天然来水量低于 90% 来水频率对应的天然来水量,另外两年天然来水量虽达到 50% 来水频率对应的年天然来水量,但 5 月份当月来水量与以上 3 年 5 月份来水量持平。可见,可行性研究设计的调水过程,44 年中有 39 年可基本满足河段生态环境水量,其余 5 年未完全满足,主要原因是河段天然来水量偏枯,因此研究认为可行性研究设计的调水过程基本可保证坝址所在河段的生态环境水量,基本能满足河段生物对河流流量的需求,调水过程总体可行。建议特枯年份减少调水量,尤其是 5 月份的调水量,优化调水过程,保证引水河段生态水量的下泄。

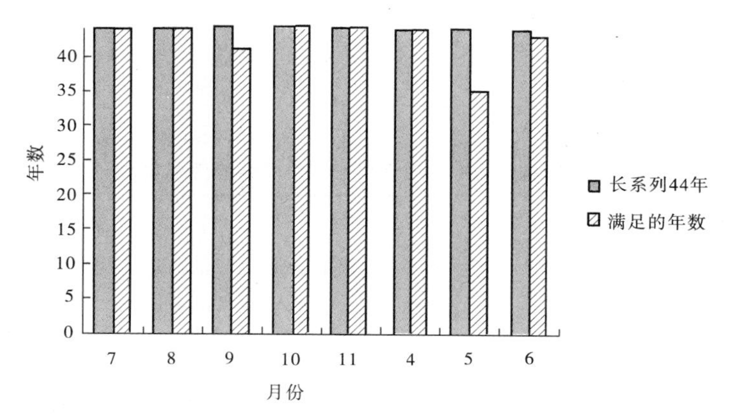

图 6-20　长系列水文资料条件下 2030 年调水后各月生态水量满足情况

b. 多年平均条件下工程运行对大通河生态流量的影响

多年平均条件下调水后坝址断面下泄流量与适宜生态流量(10.0 m³/s)对比分析结果见表 6-13,对下游天堂寺、享堂断面生态流量影响分析见表 6-14、表 6-15。调水前后大通河代表断面下泄流量及生态流量过程线见图 6-21 ~ 图 6-23。

表 6-13　多年平均条件下引水对坝址断面适宜生态流量影响　(单位:m³/s)

月份	天然流量	2015 年		2020 年		2030 年		生态流量要求
		下泄流量	满足与否	下泄流量	满足与否	下泄流量	满足与否	
4	27.6	18.48	√	16.97	√	12.41	√	10.0
5	55.5	48.23	√	47.27	√	44.79	√	20.1
6	82.1	76.63	√	75.44	√	72.97	√	20.1
7	135	129.88	√	128.72	√	126.24	√	20.1
8	117	112.23	√	111.03	√	108.16	√	20.1
9	97.4	91.76	√	89.52	√	80.72	√	20.1
10	45.2	29.86	√	26.93	√	25.92	√	20.1
11	18.2	10.06	√	10.22	√	9.42	×	10.0

表 6-14　多年平均条件下引水对天堂寺生态流量影响　（单位：m^3/s）

月份	天然流量	2015 年		2020 年		2030 年		生态流量要求
		下泄流量	满足与否	下泄流量	满足与否	下泄流量	满足与否	
4	47	37.88	√	36.37	√	31.81	√	13.1
5	85.5	78.23	√	77.27	√	74.79	√	31.8
6	119	113.53	√	112.34	√	109.87	√	31.8
7	181	175.88	√	174.72	√	172.24	√	31.8
8	177	172.23	√	171.03	√	168.16	√	31.8
9	146	140.36	√	138.12	√	129.32	√	31.8
10	79.1	63.76	√	60.83	√	59.82	√	31.8
11	38.8	30.66	√	30.82	√	30.02	√	13.1

表 6-15　多年平均条件下工程引水对享堂生态流量影响分析　（单位：m^3/s）

月份	天然流量	2015 年		2020 年		2030 年		生态流量要求
		下泄流量	满足与否	下泄流量	满足与否	下泄流量	满足与否	
4	53.5	44.38	√	42.87	√	38.31	√	15.1
5	96.2	88.93	√	87.97	√	85.49	√	36.2
6	128	122.53	√	121.34	√	118.87	√	36.2
7	209	203.88	√	202.72	√	200.24	√	36.2
8	199	194.23	√	193.03	√	190.16	√	36.2
9	169	163.36	√	161.12	√	152.32	√	36.2
10	90.8	75.46	√	72.53	√	71.52	√	36.2
11	45.9	37.76	√	37.92	√	37.12	√	15.1

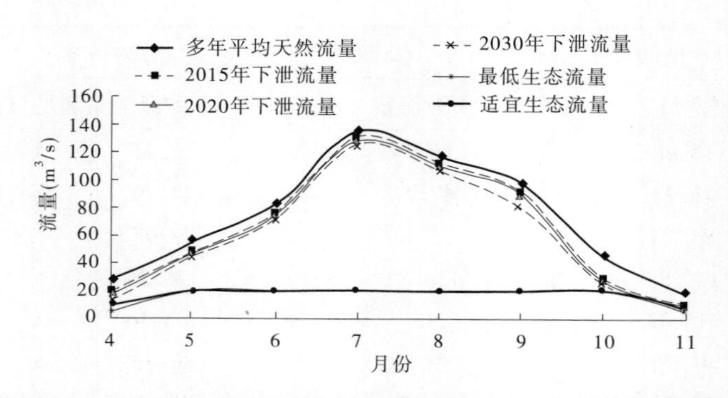

图 6-21　多年平均调水前后坝址断面下泄流量及生态流量过程线

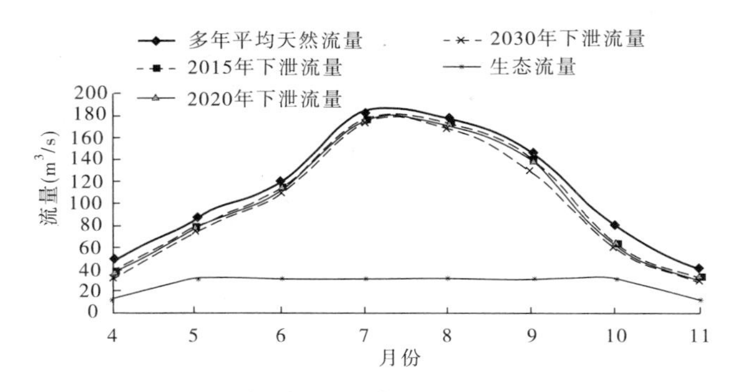

图 6-22 多年平均调水前后天堂寺断面下泄流量及生态流量过程线

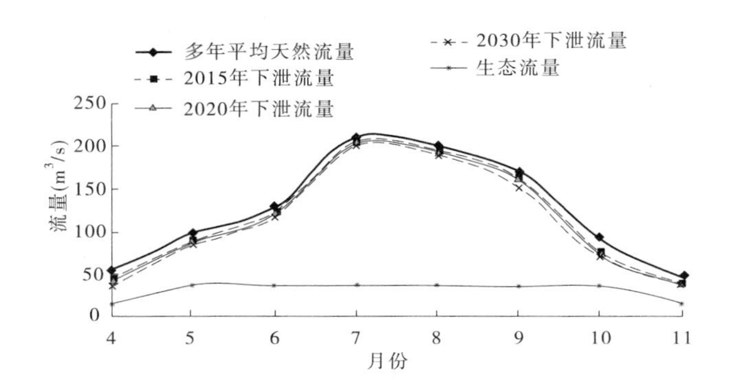

图 6-23 多年平均调水前后享堂断面下泄流量及生态流量过程线

分析可知:多年平均条件下,2015 年、2020 年和 2030 年工程按照可行性研究设计调水后,大通河三个典型断面的下泄流量基本能满足适宜生态流量要求,坝址断面 2030 年 11 月的下泄流量为 9.42 m^3/s,基本满足适宜生态流量 10.0 m^3/s 的要求。

c. 枯水年($P=75\%$)对大通河生态流量的影响

枯水典型年下引水对坝址断面适宜生态流量影响见表 6-16,枯水典型年调水前后坝址断面下泄流量及生态流量过程线见图 6-24。

表 6-16 枯水典型年下引水对坝址断面适宜生态流量影响 (单位:m^3/s)

月份	天然流量	2015 年		2020 年		2030 年		生态流量要求
		下泄流量	满足与否	下泄流量	满足与否	下泄流量	满足与否	
4	26.70	21.56	√	16.99	√	9.20	×	10.0
5	62.10	56.96	√	55.76	√	53.22	√	20.1
6	90.70	85.56	√	84.36	√	81.82	√	20.1
7	165.00	159.86	√	158.66	√	156.12	√	20.1
8	64.50	59.36	√	58.16	√	41.94	√	20.1
9	41.20	36.06	√	27.81	√	10.05	×	20.1
10	27.70	6.68	×	6.50	×	6.50	×	20.1
11	15.60	5.80	×	5.80	×	5.80	×	10.0

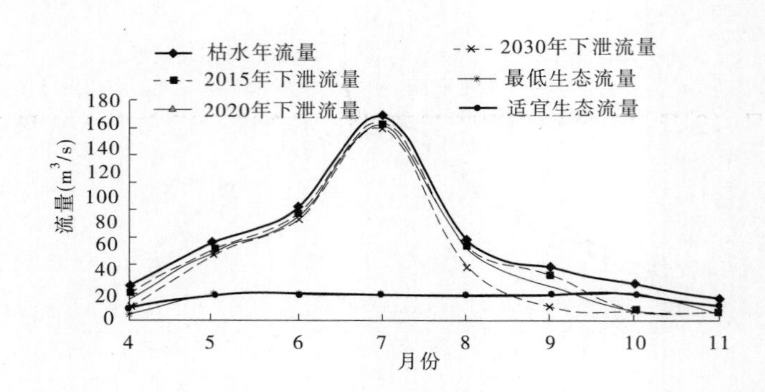

图 6-24　枯水典型年调水前后坝址断面下泄流量及生态流量过程线

分析可知：枯水年来水条件下，2015 年、2020 年和 2030 年工程按照可行性研究设计调水后，坝址断面 9 月、10 月的下泄流量不能够完全满足最低生态流量要求，4 月、9 ~ 11 月的下泄流量不能够完全满足适宜生态流量要求。

d. 特枯年($P=90\%$)调水过程对生态流量的影响

特枯典型年下引水对坝址断面适宜生态流量影响见表 6-17，特枯典型年调水前后坝址断面下泄流量及生态流量过程线见图 6-25。

表 6-17　特枯典型年下引水对坝址断面适宜生态流量影响　（单位：m³/s）

月份	天然流量	2015 年		2020 年		2030 年		生态流量要求
		下泄流量	满足与否	下泄流量	满足与否	下泄流量	满足与否	
4	27.00	11.88	√	10.94	√	9.0	×	10.0
5	31.10	18.55	×	17.6	×	15.11	×	20.1
6	66.30	58.84	√	57.86	√	55.34	√	20.1
7	123.00	117.86	√	116.66	√	114.12	√	20.1
8	78.90	73.76	√	72.56	√	70.02	√	20.1
9	67.60	62.46	√	56.51	√	37.18	√	20.1
10	30.30	8.68	×	6.2	×	6.2	×	20.1
11	14.90	5.7	×	5.7	×	5.7	×	10.0

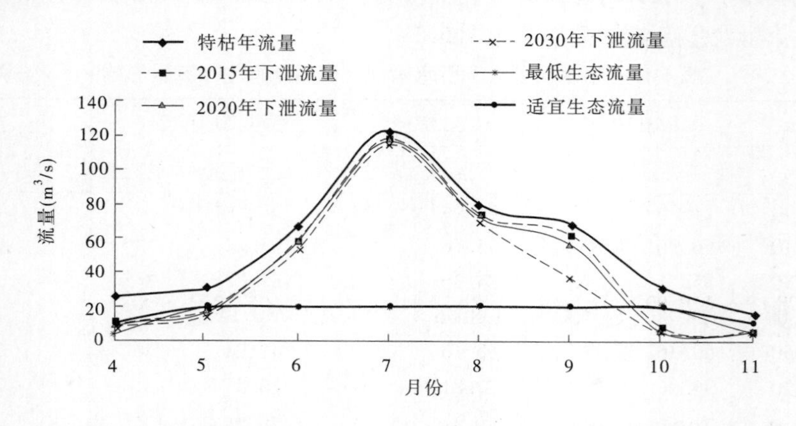

图 6-25　特枯典型年调水前后坝址断面下泄流量及生态流量过程线

分析可知：特枯年来水条件下，2015 年、2020 年和 2030 年工程按照可行性研究设计调水后，4 月、5 月、10 月、11 月的下泄流量不能够完全满足适宜生态流量要求。

2）水资源论证调水过程对大通河生态流量的影响分析

a. 多年平均条件下工程运行对大通河生态流量的影响

多年平均条件下调水后各断面下泄流量与生态流量对比分析结果见表 6-18 ~ 表 6-20，调水前后大通河代表断面下泄流量及生态流量过程线见图 6-26 ~ 图 6-28。

表 6-18　多年平均条件下引水对坝址断面生态流量影响　（单位：m^3/s）

月份	天然流量	2015 年		2020 年		2030 年		生态流量要求
		下泄流量	满足与否	下泄流量	满足与否	下泄流量	满足与否	
4	27.6	13.46	√	13.46	√	13.46	√	10
5	55.5	36.91	√	36.17	√	35.84	√	20.1
6	82.1	65.09	√	62.84	√	59.22	√	20.1
7	135	126.51	√	122.96	√	116.57	√	20.1
8	117	113.33	√	112.24	√	108.54	√	20.1
9	97.4	96.86	√	96.63	√	95.77	√	20.1
10	45.2	40.81	√	40.03	√	38.4	√	20.1
11	18.2	14.55	√	13.78	√	12.57	√	10

表 6-19　多年平均条件下引水对天堂寺生态流量影响　（单位：m^3/s）

月份	天然流量	2015 年		2020 年		2030 年		生态流量要求
		下泄流量	满足与否	下泄流量	满足与否	下泄流量	满足与否	
4	47	32.86	√	32.86	√	32.86	√	13.1
5	85.5	66.91	√	66.17	√	65.84	√	31.8
6	119	101.99	√	99.74	√	96.12	√	31.8
7	181	172.51	√	168.96	√	162.57	√	31.8
8	177	173.33	√	172.24	√	168.54	√	31.8
9	146	145.46	√	145.23	√	144.37	√	31.8
10	79.1	74.71	√	73.93	√	72.3	√	31.8
11	38.8	35.15	√	34.38	√	33.17	√	13.1

表 6-20　多年平均条件下工程引水对享堂生态流量影响　（单位：m^3/s）

月份	天然流量	2015 年		2020 年		2030 年		生态流量要求
		下泄流量	满足与否	下泄流量	满足与否	下泄流量	满足与否	
4	53.5	39.36	√	39.36	√	39.36	√	15.1
5	96.2	77.61	√	76.87	√	76.54	√	36.2
6	128	110.99	√	108.74	√	105.12	√	36.2
7	209	200.51	√	196.96	√	190.57	√	36.2
8	199	195.33	√	194.24	√	190.54	√	36.2
9	169	168.46	√	168.23	√	167.37	√	36.2
10	90.8	86.41	√	85.63	√	84	√	36.2
11	45.9	42.25	√	41.48	√	40.27	√	15.1

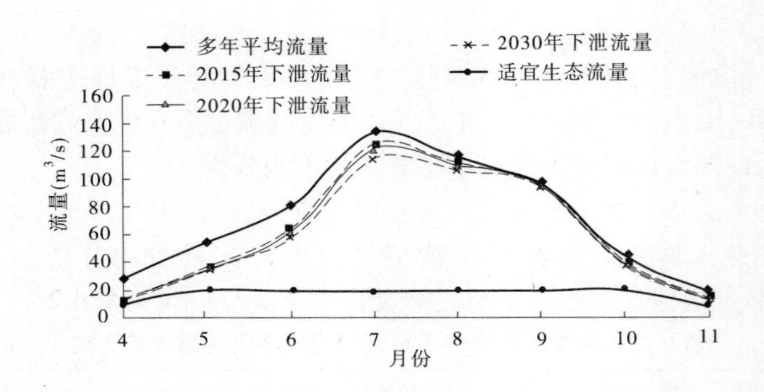

图 6-26　多年平均调水前后尕大滩断面下泄流量及生态流量过程线

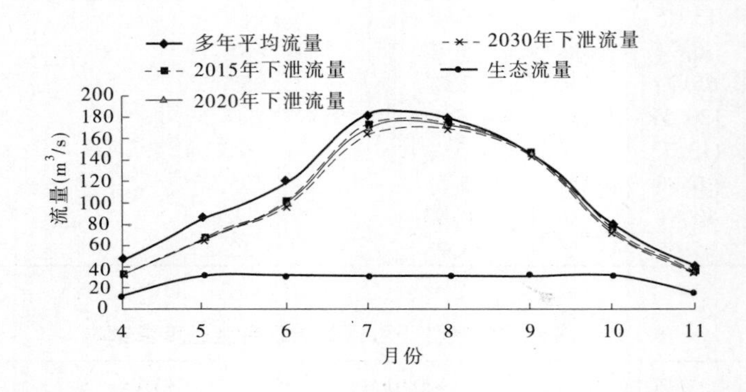

图 6-27　多年平均调水前后天堂寺断面下泄流量及生态流量过程线

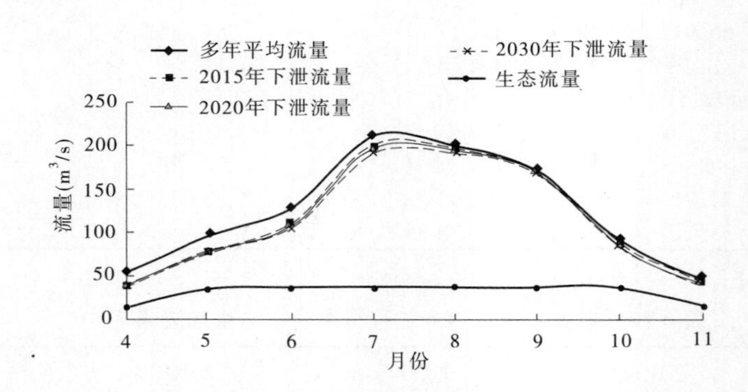

图 6-28　多年平均调水前后享堂断面下泄流量及生态流量过程线

分析可知：多年平均条件下，2015 年、2020 年和 2030 年工程按照水资源论证推荐调水过程调水后，大通河三个典型断面的下泄流量均能完全满足生态流量要求。

b. 枯水年（$P=75\%$）对大通河生态流量的影响

枯水典型年下引水对坝址断面生态流量影响见表 6-21，枯水典型年调水前后坝址断面下泄水量及生态流量过程线见图 6-29。

表 6-21　枯水典型年下引水对坝址断面生态流量影响　（单位：m^3/s）

月份	天然流量	2015 年		2020 年		2030 年		生态流量要求
		下泄流量	满足与否	下泄流量	满足与否	下泄流量	满足与否	
4	26.7	13.08	√	13.08	√	13.08	√	10
5	62.1	41.06	√	41.06	√	41.06	√	20.1
6	90.7	65.05	√	59.66	√	59.66	√	20.1
7	165.0	164.83	√	156.69	√	147.19	√	20.1
8	64.5	64.5	√	63.88	√	61.66	√	20.1
9	41.2	41.2	√	41.2	√	39.27	√	20.1
10	27.7	21.63	√	21.63	√	21.63	√	20.1
11	15.6	9.83	×	9.83	×	9.83	×	10

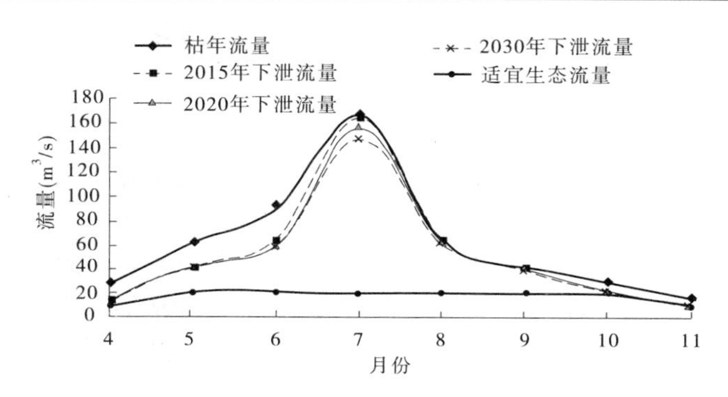

图 6-29　枯水典型年调水前后坝址断面下泄流量及生态流量过程线

分析可知：枯水年来水条件下，按照水资源论证设计调水过程调水后，坝址断面除 11 月的下泄流量均为 9.83 m^3/s，略低于适宜生态流量 10.0 m^3/s 的要求外，其他月份下泄流量完全满足生态流量要求。

c. 特枯年（$P=90\%$）调水过程对生态流量的影响

特枯典型年下引水对坝址断面生态流量影响见表 6-22，特枯典型年调水前后坝址断面下泄流量及生态流量过程线见图 6-30。

表 6-22　特枯典型年下引水对坝址断面生态流量影响　（单位：m^3/s）

月份	天然流量	2015 年		2020 年		2030 年		生态流量要求
		下泄流量	满足与否	下泄流量	满足与否	下泄流量	满足与否	
4	27	20.34	√	20.34	√	20.34	√	10
5	31.1	26.28	√	26.28	√	26.28	√	20.1
6	66.3	51.33	√	51.33	√	51.33	√	20.1
7	123	92.21	√	92.21	√	92.21	√	20.1
8	78.9	67.14	√	58.41	√	47.45	√	20.1
9	67.6	67.6	√	67.6	√	67.08	√	20.1
10	30.3	23.96	√	22.85	√	21.65	√	20.1
11	14.9	10.34	√	10.34	√	10.34	√	10

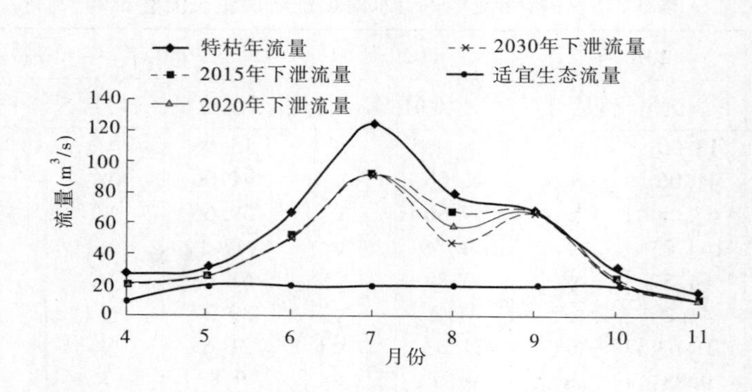

图6-30 特枯典型年调水前后坝址断面下泄流量及生态流量过程线

分析可知:特枯年来水条件下,2015年、2020年和2030年工程按照水资源论证设计调水过程调水后,坝址断面下泄流量能够完全满足适宜生态流量的要求。

3)不同调水方案生态流量满足程度对比分析

综合上述工程对调水河流生态流量影响分析以及表6-23的分析结果,研究认为:

(1)按照可行性研究设计调水过程调水时,枯水年及特枯年来水条件下,坝址断面下泄流量不能完全满足2015年、2020年和2030年水平年的逐月生态流量要求,4月、11月的适宜生态流量更加难以保证。

(2)按照水资源论证推荐调水过程调水时,在多年平均、枯水年和特枯年来水条件下,坝址断面下泄水量均能够满足逐月适宜生态流量要求。

表6-23 可行性研究、水资源论证调水过程下生态流量满足情况分析

典型年	水平年	可行性研究调水过程下		水资源论证调水过程下
		最低生态流量	适宜生态流量	适宜生态流量
多年平均	2015	完全满足	完全满足	完全满足
	2020	完全满足	完全满足	完全满足
	2030	完全满足	11月不能满足	完全满足
$P=75\%$	2015	10月不能满足	10、11月不能满足	基本满足
	2020	10月不能满足	10、11月不能满足	基本满足
	2030	9、10月不能满足	4、9、10、11月不能满足	基本满足
$P=90\%$	2015	5、10月不能满足	5、10、11月不能满足	完全满足
	2020	5、10月不能满足	5、10、11月不能满足	完全满足
	2030	5、10月不能满足	4、5、10、11月不能满足	完全满足

6.1.4.5 小结

根据调水后大通河水文情势变化情况及对生态流量的影响,研究认为,水资源论证确

定的调水过程对河流生态流量的影响较小，因此研究推荐水资源论证的调水过程。在初步设计阶段以及工程实际调度运行中，建议根据上游不同来水情况，结合引水枢纽及黑泉水库运行并考虑下游生态环境需水要求，进一步优化调水过程。保证生态流量的下泄，当坝址断面11月、4月天然来水流量大于10.0 m^3/s 时，生态流量按照适宜生态基流10.0 m^3/s 控制，在天然来水不足10.0 m^3/s 时，停止取水，来水全部下泄；5～10月，生态流量按照适宜生态基流20.1 m^3/s 控制，天然来水不足20.1 m^3/s 时，停止取水，将天然来水全部下泄。

综上所述，研究认为工程运行不会对下游生态环境用水带来大的影响。采取引水枢纽生态电站结合鱼道和泄洪冲沙闸作为生态放水措施。

6.2 工程对大通河水环境的影响研究

大通河上中游地处高寒、高海拔地区，水质现状良好，引大济湟调水总干渠工程实施后，在4～11月调水时段，引水枢纽坝址断面下泄流量较调水前减少，流量的减少可能会对枢纽下游大通河水质造成一定影响。本研究对调水后大通河水质进行预测和评价，以确定工程运行对大通河水环境的影响程度。

6.2.1 预测范围和断面

调水河流大通河选择引水枢纽坝址至大通河入湟水口作为调水河段预测范围，选择引水枢纽下游门源县城、享堂作为水质预测断面。门源县城断面下距工程约20 km，享堂断面位于工程坝址下游约260 km。预测河段长度及断面见表6-24。

表6-24 预测河段长度及断面

河流	研究范围	预测断面
大通河	坝址下游至大通河入湟水口约263.6 km河段	门源县城：引水枢纽约20 km 享堂：引水枢纽下游259 km

6.2.2 污染源预测

根据大通河调水区2015年、2020年、2030年社会经济发展状况，调水区2015年、2020年、2030年污染源预测结果见表6-25。在调水区城市污水处理率、污水再利用率逐步提高的前提下，2015年、2020年、2030年共产生废污水2 009.15万 m^3、2 054.99万 m^3、2 031.7万 m^3，COD分别排放2 111.3 t、2 088.5 t、1 950.38 t，氨氮排放291.34 t、290.95 t、275.69 t，废污水入河量1 610.15万 m^3、1 647.03万 m^3、1 628.77万 m^3，分别比现状年减少12.7%、10.7%、11.6%，COD入河1 498.71 t、1 482.78 t、1 384.96 t，分别比

现状年减少30.1%、30.8%、35.3%，氨氮入河214.69 t、214.35 t、203 t，分别比现状年增加116%、115%、104%。

表 6-25　污染源预测结果　（单位：废污水，万 t/a；COD、氨氮，t/a）

流域	城镇	水平年	排放量									入河量		
			生活污染源			工业污染源			合计			废污水	COD	氨氮
			废污水	COD	氨氮	废污水	COD	氨氮	废污水	COD	氨氮			
大通河流域	门源	2015	163.90	177.78	13.88	119.77	119.77	15.09	283.67	297.55	28.97	229.77	192.81	19.48
		2020	186.99	173.81	14.87	116.98	116.98	14.74	303.97	290.80	29.61	246.22	188.44	19.91
		2030	232.63	160.29	15.83	107.97	107.97	13.60	340.60	268.26	29.43	275.89	173.83	19.79
	红古区	2015	236.79	325.06	39.07	1 488.69	1 488.69	223.30	1 725.48	1 813.75	262.37	1 380.38	1 305.90	195.21
		2020	247.97	294.65	35.88	1 503.05	1 503.05	225.46	1 751.02	1 797.70	261.34	1 400.81	1 294.34	194.44
		2030	246.97	237.99	29.64	1 444.13	1 444.13	216.62	1 691.10	1 682.12	246.26	1 352.88	1 211.13	183.21
	合计	2015	400.69	502.84	52.95	1 608.46	1 608.46	238.39	2 009.15	2 111.3	291.34	1 610.15	1 498.71	214.69
		2020	434.96	468.46	50.75	1 620.03	1 620.03	240.2	2 054.99	2 088.5	290.95	1 647.03	1 482.78	214.35
		2030	479.6	398.28	45.47	1 552.1	1 552.1	230.22	2 031.7	1950.38	275.69	1 628.77	1 384.96	203

6.2.3　水质预测结果及分析

选择COD和氨氮作为预测因子，预测模式选用综合削减模式。2015年、2020年、2030年调水河段大通河水环境质量预测结果见表6-26。

表 6-26　大通河调水河段水环境质量预测结果　（单位：mg/L）

断面	枯水期现状水质			标准	水平年	枯水期			
	COD	氨氮	类别			COD	是否超标	氨氮	是否超标
门源				Ⅲ	2015	<10.0	不超标	0.12	不超标
					2020	<10.0	不超标	0.12	不超标
					2030	<10.0	不超标	0.12	不超标
享堂	<10.0	0.33	Ⅱ	Ⅲ	2015	<10.0	不超标	0.15	不超标
					2020	<10.0	不超标	0.15	不超标
					2030	<10.0	不超标	0.15	不超标

断面	平水期现状水质			标准	水平年	平水期			
	COD	氨氮	类别			COD	是否超标	氨氮	是否超标
门源				Ⅲ	2015	<10.0	不超标	0.08	不超标
					2020	<10.0	不超标	0.08	不超标
					2030	<10.0	不超标	0.15	不超标
享堂	<10.0	0.31	Ⅱ	Ⅲ	2015	<10.0	不超标	0.09	不超标
					2020	<10.0	不超标	0.09	不超标
					2030	<10.0	不超标	0.19	不超标

由于大通河属山区性河流,两侧依山傍岭,社会经济不是十分发达,排污较少。由预测结果可知,调水后各断面 COD 和氨氮均可维持现状水平,达到Ⅱ类水质标准。可见,虽然引大济湟调水工程取用部分水量,但是大通河水质基本不受影响,水质状况能够满足水功能区划、水环境功能区划水质目标以及沿岸取用水的需求。

6.2.4 对调水河流纳污能力的影响分析

根据《水域纳污能力计算规程》(SL 348—2006),水域纳污能力是指在设计水文条件下,某种污染物满足水功能区水质目标要求所能容纳的该污染物的最大数量,可视为水域的水环境容量。根据河流纳污能力计算模型的适用条件,结合大通河流域的宽深比不大,污染物在较短的时间内基本在断面内混合,断面污染物浓度横向变化不大的特点,纳污能力计算可以采用一维模型:

$$M = [C_s - C_0 \exp(-k\frac{x}{u})](Q + Q_p) \tag{6-1}$$

式中 M——水域纳污能力,kg/s;

C_s——水质目标浓度值,mg/L;

C_0——初始断面的污染物浓度,mg/L;

k——污染物综合衰减系数,l/s;

x——沿河段纵向距离,m;

u——设计流量下河道断面的平均流速,m/s;

Q——初始断面的入流流量,m^3/s;

Q_p——废污水排放流量,m^3/s。

根据《水域纳污能力计算规程》(SL 348—2006)规定,在计算河流水域纳污能力,应采用90%保证率最枯月平均流量或近 10 年最枯月平均流量作为设计流量。选用尕大滩水文站 1956~2000 年水文资料系列,90%保证率的最枯月平均流量为 2.34 m^3/s。本工程调水后,坝址断面 4 月、11 月可保证下泄生态流量 10 m^3/s,在天然来水低于10 m^3/s时,保证最少下泄 5 m^3/s,坝址断面下泄流量可满足核定纳污能力设计流量要求,分析认为,引大济湟调水总干渠工程基本不会对大通河水环境容量造成影响。

6.3 工程对调水区陆生生态影响研究

引大济湟调水总干渠施工期间对调水区陆生生态影响主要是对施工占地植被的破坏,主要为植物数量的损失,已在第 5.3.3 节中详述,本节着重分析工程调水后下泄流量的减少对大通河河谷植被的影响。

据现场调查,大通河沿河依次分布着灌丛、草地、农田等河谷植被,其中灌丛大部分位于大通河砂砾质河谷滩地,多呈条带状分布,相对于草地、农田等河谷植被来说受水分条件影响较大。河谷灌丛在青藏高原分布较广,多以斑块状、条带状或岛状出现在高海拔干旱与半干旱地区的河谷滩地,常分布于宽谷河流中间的滩地,或河流两侧滩地。经现场调查,工程引水枢纽下游河谷灌丛的优势种为沙棘、水柏枝等植物,在青藏高原属广布种,在我国西北、华北也有分布。沙棘的萌芽期为每年的4～5月，生长期是5～9月，水柏枝花期5～6月，8～9月果熟，因此其重要需水时段为4～9月。

6.3.1 对调水区植被影响

根据工程可行性研究设计方案，工程实施后，坝址断面年径流量较调水前分别减少了10.1%～16.2%，河流水量减少有限，不会影响地表、地下水力关系。多年平均条件下，坝址断面逐月水位下降范围为0.03～0.13 m，在沙棘、水柏枝4～9月重要需水时段，水位最大降幅为0.10 m，河流水位降幅较小，对沙棘、水柏枝等河谷植被影响很小。沙棘、水柏枝均为耐旱、耐寒、抗风沙性植物，且区域降雨量一般在450～680 mm，蒸发量小，因此工程实施后，河谷灌丛植被需水仍有一定保证，灌丛植被结构和功能不会发生较大改变，不会出现灌木植被消失及无法正常更新等情况，但河谷灌丛植被生物量有所变化，可能使部分河道边1～5 m因河流水位下降出现河床裸地，部分地段自然植被的生产能力不同程度地下降。根据对湟水上游湟源段水利引水工程的调查，因工程引水后，造成河道水量减少，水位下降，河岸两侧柳灌丛及湿生草本植物有向河道侵占现象，出现河流湿地减少，而河岸植被增加的倾向。

根据调水对生态流量的影响分析，引大济湟调水总干渠工程引水后，多年平均情况下，调水期各月各断面下泄流量均满足河道良好状态下生态流量需求，不会对下游生态环境用水造成影响，对大通河河谷植被的影响不大。从长系列水文资料分析来看，除5月保证率相对较低以外，其他调水月份基本可满足河流生态流量，对大通河河谷植被尤其是灌丛植被的生长、发育影响很小，具体分析见表6-27。

表6-27　工程实施后对大通河河谷生态系统的影响分析

下泄流量是否满足生态流量				影响分析
坝址断面	多年平均	2015	调水时段均能满足生态环境需水	对河谷生态系统影响不大
		2020		
		2030		
	枯水典型年	2015	调水时段均能满足生态环境需水	对河谷生态系统影响不大
		2020		
		2030		
	特枯典型年	2015	5月生态流量保证率相对较低	对边滩植被萌发有一定影响，特枯年份对5月调水量适当调整后，对河谷植被生长基本不产生影响
		2020		
		2030		

考虑到规划水平年工程引水量不大，河流水文情势变化较小，工程调水不会对河谷植被正常发育造成较大破坏，特枯年份对5月调水量适当调整后，对河谷植被生长基本不产生影响，但应重视大通河大面积河谷灌丛的保护，明确生态放水设施，减少枯水年枯水月份的引水量，保证一定的水流状态，尤其要保障河谷植被萌芽期、生长期的水分需求。

根据水资源论证调水方案，坝址断面年径流量较调水前分别减少了12%～16%。各典型年来水条件下，调水期各月坝址断面下泄流量均满足河道适宜生态流量需求，不会对下游生态环境用水造成影响，对大通河河谷植被的影响不大。

6.3.2 对区域自然系统生态完整性的影响

工程引水运行后，大通河引水枢纽下游河流生态系统的生物量整体呈下降趋势，但平均净生产能力仍将维持在一定水平，不会退化到更低等级。因此，工程调水运行对自然系统的恢复稳定性影响不大。

工程运行后，调水河流大通河由于水文情势的改变，引起草地和草甸生态、水生生态和河谷植被生态的改变，使区域自然系统的生产能力受到一定程度的影响，也使生物组分的异质性构成发生改变。自然系统的生产能力会在某种程度上有所降低，但由于降低的幅度较小，因此自然系统对这个改变是可以承受的。此外，由于上述改变，自然系统的恢复稳定性和阻抗稳定性也会发生改变，但由于变化范围仅限于部分河段因水量减少及水位下降的河道两侧1～5 m，总体而言，因河流水量减少及水位下降，河道与河岸间会出现部分河道裸地，可导致部分河岸两侧柳灌丛及湿生草本植物有向河道中间侵占现象。自然系统对这一改变也是可以承受的。因此，从维护区域自然系统生态完整性角度看，工程引水运行对区域生态影响不大。

6.4 工程对调水河流水生生态影响研究

6.4.1 工程运行对大通河水生生物生境的影响

6.4.1.1 库区河段

上铁迈引水枢纽建成后，溢流坝坝高5.8 m，库容143万m^3，回水长约1.4 km。由于水库库容小，回水范围小，库区蓄水后，水体变化不大，水域面积略有增加，水深增加不明显。该水库不具有调蓄能力，多年平均流量下，水库蓄满仅需8 h，水库库容尚达不到日调节能力，因此水库蓄水后，河流仍基本持续流水状态，库区流水生境不会明显萎缩。总体来看，连续水流会变缓、泥沙沉淀，对水生生物有一定影响。

6.4.1.2 坝址下游

工程运行后，引水时段对河道有一定的阻隔作用，坝址断面下泄水量减少，下游水位、流量、流速发生变化，这些对下游河道水生生物有一定影响。冲沙造成水体含沙量迅速升高，冲沙时段内将对鱼类产生一定影响。

6.4.2 对大通河浮游动植物的影响研究

工程运行后，由于枢纽的拦蓄作用，形成一定的缓水区，水体流速减缓，泥沙沉淀。水库中适应缓流或静水环境的浮游植物种类和数量会有所增加，浮游植物种类组成和数量不会发生明显变化，原有的藻类将会继续保留，绿藻门、裸藻门种类和数量相比河流时要有所增加，但不会超过硅藻门，硅藻门种类和数量仍将占绝对优势。

引水枢纽下游水量将减少，河道内浮游植物数量将发生变化，浮游植物种类仍然是以河流形种类居多，硅藻类仍占优势。

工程运行后，水体流速减缓，泥沙沉淀，库区浮游动物的种类会发生一些变化，如针簇多肢轮虫、长三肢轮虫、象鼻蚤等有所增加，而且个体较大的枝角类和桡足类种类将会增加，在浮游动物中所占比例有所提高。浮游动物的种群分布也会有一定的变化，针簇多肢轮虫、晶囊轮虫、枝角类的溞科种类会在敞水区有较大的发展，而剑水蚤目的种类将会在沿岸带和浅水区得到发展。浮游植物是水体的初级生产力，也是浮游动物的直接食料，其数量的增加，为浮游动物的生长、繁殖提供了物质基础，因此浮游动物数量会相应增加，种类和数量仍以原生动物和轮虫占优势。

引水枢纽下游河道内浮游动物数量下降，原生动物中刺胞虫、沙壳虫，轮虫中的针簇多肢轮虫、螺旋龟甲轮虫等河道原有种类会继续存在，并依然是浮游动物的优势种。

6.4.3 对大通河底栖动物的影响研究

受水深和水位变化的影响，库区底栖动物的区域分布将打破原有的格局，栖息于原有岸边的种类特别是软体动物螺类喜静水生活，将移居沿岸带浅水区，甲壳动物钩虾会进入水生维管束植物生长茂盛地区，浅水区及水生维管束植物生长的水域将是底栖动物生活的主要场所。随着库区缓流水域面积的扩大和初级生产力的增加，底栖动物的数量会相应增加，由于大通河流域属贫营养性水体，库周底质为砂砾石，因此库区底栖动物种类和数量不会有明显的增加，底栖动物总量增加。

引水枢纽下游水量将减少，水流减缓，更适合于底栖动物的生存和繁殖，河道内底栖动物种类组成和数量有所增加。

6.4.4 对大通河水生维管束植物的影响

水生维管束植物是一些水生生物的饵料或栖息、繁殖场所，其分布与河水的流速、水深变化、透明度及底质等状况密切相关，大通河水流湍急、透明度小，底质为砂砾石，水生维管束植物种类单调，而且覆盖度小。由于水库底质与原有河道基本相同，为砂砾石，不利于水生维管束植物生长。因此，总的来说，水生维管束植物的种类和数量不会有太大的变化。

引水枢纽下游河道水量的减少，不利于水生维管束植物的生长，位于河道边现有的水生维管束植物因水量减少和水位下降，可能会出现种类和数量的减少。

6.4.5 对大通河鱼类资源的影响

6.4.5.1 对鱼类栖息地的影响

从鱼类栖息生境变化分析，其主要影响体现在以下两个方面。

1）枢纽阻隔

引水枢纽阻隔主要不利影响表现为对连续生境的阻断分割，对洄游性、短距离洄游性、半洄游性鱼类上溯通道的阻断以及影响枢纽上下游生物资源的天然交流。

大通河实施梯级开发以后，各梯级将连续生境分段阻隔，目前工程引水枢纽以下已建成和在建梯级21个，且均为引水式发电，部分电站造成3~4 km的河道断流，大通河中下游河流生态系统的连续性被破坏，鱼类上溯下行通道被截断，栖息、索饵、繁殖空间均缩小，对鱼类种群交流和资源量产生不利影响。

2）工程调度运行

工程运行后，大坝阻隔，坝址断面下泄流量减少，水位下降，对喜流水生活的和产卵时需要流水刺激的厚唇裸重唇鱼、花斑裸鲤、黄河裸裂尻鱼等鱼类有影响，缩小下游河道鱼类的栖息地，使其向上游和支流迁移。

6.4.5.2 对鱼类索饵的影响

对于库区河段，水库蓄水后，水流变缓，水体增大，水域浮游生物、底栖动物生物量增加，以浮游生物、底栖动物为食的鱼类饵料条件改善。根据水生生物调查，大通河枢纽河段鱼类多为鲤科，属以底栖动物、水草、有机碎屑等为食的综合性食性鱼类，由于饵料来源广、适应能力强，能够适应河段饵料变化。

对于坝下河段，由于流水生境条件性质未发生变化，鱼类饵料组成不会明显改变。

6.4.5.3 对鱼类繁殖的影响

1）坝上河段

调水总干渠工程引水枢纽建成后，回水长度仅1.4 km左右，淹没面积较小，坝址上游的产卵场距枢纽约7 km，不在工程淹没范围内，且裂腹鱼类的产卵场又具有分散性，因此工程对坝址上游的产卵场影响不大。

根据水生生物调查，所调查到的黄河裸裂尻、花斑裸鲤、厚唇裸重唇鱼、拟鲇高原鳅均为在急流河道底质产沉性卵、黏性卵鱼类，其产卵场在枢纽以上干流和支流仍能维持一定规模。

2）坝下河段

经现场调查，引水枢纽河段下游未调查到鱼类产卵场。工程引水时段，坝下流量、水位降低，对鱼类栖息、索饵、繁殖均产生不利影响。大通河5~8月为大多数鱼类的产卵期，引水枢纽下泄流量可保证河道生态流量，该流量满足拟鲇高原鳅、花斑裸鲤产卵场的水流速要求，因此工程运行对坝下河段鱼类的繁殖不利影响较小，且本枢纽为径流式枢纽，工程运行时溢流堰保持连续坝顶过流，下游河道不会出现由于水位急剧下降或大幅度频繁变化而导致鱼卵裸露在产卵场而干枯死亡的情况。

6.4.5.4 对鱼类种类组成的影响

综合以上工程运行对栖息生境、繁殖条件和饵料条件的影响分析，工程运行后，大通河保护性鱼类黄河裸裂尻、花斑裸鲤、厚唇裸重唇鱼、拟鲇高原鳅产卵场可能会萎缩，但河流仍存在产卵场条件，不太可能产生物种灭绝问题。枢纽阻隔将导致原连续河段鱼类种群分为坝上、坝下两个群体，在坝上在缓水区域，定居性鱼类高原鳅鱼类的数量会有所增加。在坝下河段，受水量减少、枢纽阻隔的影响，鱼类资源量呈下降趋势。在修建过鱼措施和增殖放流等措施的前提下，工程对大通河鱼类的影响不会很大，保护措施可大幅度减缓鱼类资源量下降的趋势。

6.5 对下游用水户的影响

6.5.1 对引水枢纽下游用水的影响

6.5.1.1 引水枢纽下游用水现状

用水调查以大通河流域内为主，对甘肃省引大入秦等跨流域调水工程用水情况未作统计。2006 年大通河流域内总用水量 2.112 8 亿 m^3，其中青海省用水量为 0.667 1 亿 m^3，甘肃省用水量为 1.445 7 亿 m^3；按用水对象统计，居民生活用水量为 0.062 3 亿 m^3，农业用水量为 1.694 1 亿 m^3，工业用水量为 0.342 9 亿 m^3，第三产业用水量为 0.013 5 亿 m^3。

根据《青海省引大济湟工程规划报告》，引大济湟引水枢纽下游尕大滩至天堂寺区间经济以农业为主，主要集中在门源县境内，该县总用水量占青海省总取用大通河水量的 65%，为大通河青海省内的主要用水户，门源县主要以农业用水为主。

大通河流域甘肃省现状年总用水量为 1.45 亿 m^3。用水户集中在天堂寺—享堂区间，主要以工农业用水为主，除引大入秦跨流域调水工程外，主要水利工程是一些自流引水工程和提水工程，万亩以上灌区有登丰渠、河桥渠、谷丰渠三处。工业用水集中在永登县的连城工业区及兰州市红古区。

由以上分析可知，引大济湟调水对引水枢纽下游用水的影响主要是对青海省门源县农业用水及大通河流域甘肃省工农业生产和生活用水的影响。工程取水门源县用水已经在调水过程设计中优先考虑，因此工程引水不会对门源县用水产生影响。大通河干流甘肃省主要用水户情况见表 6-28。

表 6-28 大通河干流甘肃省主要用水户情况

行政区		名称	引水量(亿 m^3)	类型
大通河	永登县	河桥渠	0.08	农灌
		登丰渠	0.08	农灌
	红古区	谷丰渠	0.38	农灌

6.5.1.2 引水枢纽下游需水量分析

由于可行性研究中进行可调水量及调水过程设计时，已经优先考虑了下游生态需水和门源县城的需水要求，因此此处不再对门源县的需水进行预测。对大通河下游甘肃省大通河流域的需水预测见表 6-29。分析预测结果可知，由于甘肃省大通河流域灌区节水改造及适当控制农业发展、大力鼓励工业发展的发展政策，2015 水平年、2020 水平年和 2030 水平年农灌用水将维持现状年用水水平。

表 6-29 甘肃省大通河流域需水预测成果 （单位：万 m^3）

水平年	城镇生活	工业	农业			合计		
			50%	75%	90%	50%	75%	90%
2015	518	3 877	9 824	10 620	10 620	14 219	15 015	15 015
2020	593	3 802	4 395	10 289	10 289	8 790	14 684	14 684
2030	736	4 256	4 992	9 943	9 943	9 984	14 935	14 935

6.5.1.3 工程运行对引水枢纽下游用水的影响分析

1）对青海省（门源县）用水的影响

根据1975年甘肃、青海两省兴建引大（通河）入秦（王川）工程的会议纪要的精神，调水工程所需水资源分配以尕大滩为界。尕大滩以上的水资源为引大济湟、引大济西、引大济湖和引大济黑四项工程使用，并考虑尕大滩以上河段及青海省门源县的供水；下游甘肃省流域内需水以及引大入秦工程所需水量由尕大滩以下的区间水资源供给。

研究认为：门源县用水已经在调水过程设计中优先考虑，且门源县城饮用水水源地位于大通河北岸一级支流老虎沟峡口，因此引大济湟工程引水不会对门源县用水产生影响。

2）对甘肃省大通河流域用水的影响

天堂寺断面为大通河入甘肃省的起始断面、享堂断面为大通河入湟水河口的把口断面。大通河流域甘肃省用水户集中在天堂寺—享堂区间，因此选取天堂寺、享堂两个断面作为大通河下游河段水文情势分析的代表断面，预测工程所引起甘肃省内大通河水文情势的变化情况。

天堂寺断面多年平均来水量为25.6亿 m^3，调水后，天堂寺断面流量2015年、2020年、2030年平均减少比例分别为7%、8%和10%，年径流量分别减少1.85亿 m^3、2.10亿 m^3、2.56亿 m^3。总体来看，工程调水后天堂寺河段水量减少比例不大。

90%保证率特枯年条件下，2015年、2020年、2030年天堂寺断面下泄水量分别为18.40亿 m^3、18.14亿 m^3、17.81亿 m^3。根据全国水资源综合规划，在90%保证率下，下游甘肃省用水户2015年、2020年、2030年的需水量分别为1.50亿 m^3、1.47亿 m^3、1.49亿 m^3，见表6-30。工程运行后，天堂寺断面来水量可满足天堂寺—享堂区间用水户的用水要求。2030年天堂寺断面来水情况及甘肃省取水情况见图6-14。

表 6-30 大通河流域甘肃省水资源供需预测表 （单位：万 m^3）

水平年	来水量	引大入秦外调水量	区间需水量
2015	184 014	33 000	15 015
2020	181 429	33 000	14 684
2030	178 099	33 000	14 935

6.5.2 取水对大通河流域引大入秦工程的影响预测

引大入秦工程是指引大通河水灌溉甘肃中部秦王川等地区的灌溉工程，总干渠已于1994年10月建成通水。引大入秦引水枢纽位于大通河天堂寺下游1.1 km处科拉沟口，渠首设计流量32 m^3/s。

6.5.2.1 引大入秦引水过程分析

1）引大入秦设计引水过程

根据黄委设计院1995年编制的《大通河水资源利用规划报告》，引大入秦工程设计调水规模为4.43 亿 m^3/a，设计保证率按75%考虑，引大入秦工程设计年引水过程见表6-31。

表6-31 引大入秦工程设计引水过程 （单位：万 m^3）

月份	1	2	3	4	5	6	7	8	9	10	11	12	合计
水量	0	0	2 057	4 186	7 918	8 427	8 396	2 191	0	8 192	2 933	0	44 300

2）取水许可指标下的引水过程

根据黄委取水（国黄）字[2005]第12001号，引大入秦取水许可指标为3.3 亿 m^3/a。比设计规模减少1.01 亿 m^3/a。本研究参考《大通河水资源利用规划报告》中引大入秦工程设计引水过程，逐月进行同比例缩减，得到取水许可指标下的引水过程，见表6-32。

表6-32 设计取水指标下推求的引大入秦引水过程 （单位：万 m^3）

月份	1	2	3	4	5	6	7	8	9	10	11	12	合计
水量	0	0	1 532	3 118	5 898	6 277	6 254	1 632	0	6 102	2 185	0	33 000

3）引大入秦实际引水过程

根据甘肃省引大入秦灌溉工程管理局提供的数据，在1996～2006年期间，引大入秦取水主要集中于5、6、7、10、11月，2004年之前引水规模为1亿 m^3/a 左右，2004年之后引水规模扩大至3亿 m^3/a 左右，2006年实际年最大取水量达到3.91 亿 m^3。与设计对比来看，目前引大入秦实际引水过程基本与设计一致，实际引水量已经达到或超过黄委批准的取水许可指标要求。

6.5.2.2 取水对引大入秦影响分析

1）可行性研究调水方案下工程取水影响分析

选择天堂寺断面作为引大入秦工程取水河段的代表断面，分析预测多年平均调水条件下，引大济湟工程的建设运行对引大入秦工程的影响。天堂寺断面来水量与引大入秦逐月引水过程对比分析详见表6-33～表6-35。

表 6-33　2015 年多年平均天堂寺断面水量与引大入秦引水对比　（单位：万 m³）

月份		1	2	3	4	5	6	7	8	9	10	11	12
2015 水平年天堂寺来水过程		4 675	4 728	5 805	9 949	20 548	29 819	46 196	45 237	36 866	16 747	8 053	5 883
设计引水过程	引水量	0	0	2 057	4 186	7 918	8 427	8 396	2 191	0	8 192	2 933	0
	比例(%)	0	0	35	42	39	28	18	5	0	49	36	0
取水许可指标下的引水过程	引水量	0	0	1 532	3 118	5 898	6 277	6 254	1 632	0	6 102	2 185	0
	比例(%)	0	0	26	31	29	21	14	4	0	36	27	0
实际最大引水过程	引水量	0	0	4 273	4 961	7 745	7 567	2 161	795	961	7 334	3 342	0
	比例(%)	0	0	74	50	38	25	5	2	3	44	41	0

表 6-34　2020 年多年平均天堂寺断面水量与引大入秦引水对比　（单位：万 m³）

月份		1	2	3	4	5	6	7	8	9	10	11	12
2020 水平年天堂寺来水过程		4 675	4 728	5 805	9 553	20 295	29 507	45 891	44 922	36 278	15 977	8 095	5 883
设计引水过程	引水量	0	0	2 057	4 186	7 918	8 427	8 396	2 191	0	8 192	2 933	0
	比例(%)	0	0	35	44	39	29	18	5	0	51	36	0
取水许可指标下的引水过程	引水量	0	0	1 532	3 118	5 898	6 277	6 254	1 632	0	6 102	2 185	0
	比例(%)	0	0	26	33	29	21	14	4	0	38	27	0
实际最大引水过程	引水量	0	0	4 273	4 961	7 745	7 567	2 161	795	961	7 334	3 342	0
	比例(%)	0	0	74	52	38	26	5	2	3	46	41	0

表 6-35　2030 年多年平均天堂寺断面水量与引大入秦引水对比　（单位：万 m³）

月份		1	2	3	4	5	6	7	8	9	10	11	12
2030 水平年天堂寺来水过程		4 675	4 728	5 805	8 355	19 644	28 858	45 240	44 168	33 967	15 712	7 885	5 883
设计引水过程	引水量	0	0	2 057	4 186	7 918	8 427	8 396	2 191	0	8 192	2 933	0
	比例(%)	0	0	35	50	40	29	19	5	0	52	37	0
取水许可指标下的引水过程	引水量	0	0	1 532	3 118	5 898	6 277	6 254	1 632	0	6 102	2 185	0
	比例(%)	0	0	26	37	30	22	14	4	0	39	28	0
实际最大引水过程	引水量	0	0	4 273	4 961	7 745	7 567	2 161	795	961	7 334	3 342	0
	比例(%)	0	0	74	59	39	26	5	2	3	47	42	0

2）水资源论证调水方案影响分析

根据水资源论证调水方案，工程实施后，75%保证率下（引大入秦工程的设计来水条件）天堂寺断面来水量满足引大入秦工程逐月引水要求，工程实施后不会对引大入秦工程取水造成影响。各水平年天堂寺断面来水量均能够满足引大入秦引水要求（见表6-36）。

表6-36　工程实施后天堂寺来水量与引大入秦引水量对比　（单位：万 m^3）

项目	水平年	3月	4月	5月	6月	7月	8月	9月	10月	11月
天堂寺来水量	2015	5 553	7 131	15 267	20 751	28 235	22 109	39 553	22 159	8 115
	2020	5 553	7 131	15 267	20 751	25 977	22 109	39 553	21 862	7 830
	2030	5 553	7 131	15 267	20 751	25 321	19 150	39 553	21 267	7 667
引大入秦引水量		1 532	3 118	5 898	6 277	6 254	1 632	0	6 102	2 185

90%保证率特枯年条件下，2015年、2020年、2030年天堂寺断面下泄水量分别为18.40亿 m^3、18.14亿 m^3、17.81亿 m^3。根据上述大通河流域甘肃省用水户需水预测结果，在90%保证率下，下游甘肃省用水户2015年、2020年、2030年的需水量分别为1.50亿 m^3、1.47 m^3、1.49 m^3。工程运行后，天堂寺断面来水量可满足天堂寺—享堂区间用水户的用水要求，2030年天堂寺断面来水情况及甘肃省取水情况以及引大入秦工程取水情况详见图6-31。

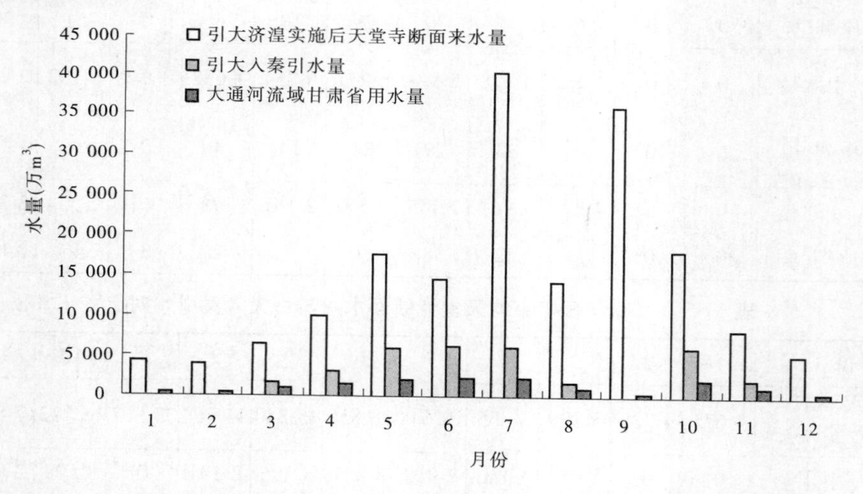

图6-31　90%特枯年天堂寺断面来水量与甘肃省用水户引水量对比

从图6-31可以看出，在特枯来水年份，2030年扣除引大济湟取水量后，大通河天堂寺断面水量仍可满足甘肃省用水户引水量需求。在大通河水量较小的1月、2月、3月和12月，引大济湟工程不引水，对下游用水户没有影响；在水量较枯的4月和11月，以及农灌用水较为集中的5~7月、10月，工程引水后，大通河天堂寺断面来水量可满足流域内甘肃省用水户用水以及引大入秦跨流域调水需求。总体来看，引大济湟工程实施后，大通河各月来水量均可满足流域内甘肃省用水需求，不会对甘肃省用水户造成大的影响。

考虑到区域水资源管理的需求,建议大通河流域所有取水工程按照黄河水量统一调度"丰增枯减"的原则,优化调水过程,合理确定调水期和调水量,在满足下游生态水量要求的前提下,尽量减少对下游取用水户的不利影响。

野外勘探时发现,大通河中下游梯级电站多为筑坝引水式发电,这些电站引水造成河段脱流严重,脱流段长 3 ~4 km。电站附近的脱流河段天然河道干涸,破坏或改变了水生生物的生境,对大通河水生态系统造成较大的不可逆的影响。在无法改变现有电站结构的情况下,建议避免将全部天然径流引做发电流量,要在天然河道保持河道生态基流,维持天然河流的水域景观和水生生物的生存条件。

6.6 生态环境保护措施

6.6.1 生态水量保障措施

引大济湟调水总干渠工程实施后,引水枢纽下泄水量的减少是调水区生态环境影响的最主要作用因素之一,为保护大通河河谷植被以及大通河水生生物的生长环境,必须确保生态流量的下泄。研究推荐坝址代表断面尕大滩断面 4 月、11 月的适宜生态流量为 10.0 m^3/s,5 ~10 月为 20.1 m^3/s。

工程利用引水枢纽坝体现有设施建一座小型坝后式水电站,靠冲沙闸左侧布置,主要任务是利用引水枢纽形成的上下游水位落差和调水后剩余的流量以及下泄生态流量进行发电,电站单机装机容量 1 500 kW,台数两台,一台型号为 ZZ920 - LH - 275 的轴流转桨式水轮机和一台型号为 ZD920 - LH - 275 的轴流定桨式水轮机。多年平均年发电量 1 267 万 kWh,设计发电流量 57.4 m^3/s,最低发电流量 7.2 m^3/s。

研究认为应以选型为轴流转桨式机组基荷发电为主,结合鱼道和泄洪冲沙闸下泄生态流量。在 4 月、11 月,当上游来水流量大于 10 m^3/s 时,由单台机组发电的尾水下泄 10 m^3/s的生态流量;当来水流量小于 10 m^3/s 时,由生态电站或泄洪冲沙闸将来水全部下泄。期间若来水流量低于最低发电流量 7.2 m^3/s 时,机组停止发电,泄洪冲沙闸全开,恢复河道天然流量状态。在 5 ~10 月期间,由单台机组发电的尾水下泄 20.1 m^3/s 的生态流量,天然来水不足 20.1 m^3/s 时,停止取水,将天然来水全部下泄。另外,鱼道常年放水也为下游河段提供了一定的生态流量,鱼道放水流量估算约为 1 m^3/s。

6.6.2 鱼类保护措施

调水总干渠工程的建设和运行,将会对大通河鱼类种群和资源量产生一定程度的影响,因而在工程建设的同时必须考虑解决的办法和措施,尽最大可能避免和减小工程对水生生物的不利影响。

6.6.2.1 引水隧洞进出水口拦鱼设施

在引水隧洞进口安装隔离网,阻止大通河鱼类通过引水隧洞进入宝库河。在引水隧洞出口安装隔离网,防止宝库河鱼类进入大通河,防止外来物种入侵。

6.6.2.2 鱼类保护措施方案比选

大通河下游已建和在建的电站十分密集，鱼类的产卵洄游受阻，仅依靠自然条件下自然增殖，难以恢复自然种群数量。采取修建过鱼道和人工增殖放流站相结合的方式作为鱼类保护方案。修建过鱼道可以使一部分鱼类借助过鱼道返上游产卵繁殖，鱼类增殖站的建设通过增殖放流可以加快大通河鱼类资源的增加。

1）修建过鱼设施

引大济湟调水总干渠挡水坝最大高度9.5 m，溢水坝高5.8 m，属水头较低的大坝，适合修建鱼道。根据调水总干渠工程的特性，以及大通河鱼类特点和工程建成后，为减轻大坝阻隔对鱼类资源坝上与坝下交流的影响，可采用过鱼道过鱼，过鱼道建设有利于坝上坝下的鱼类自然种群交流。

裂腹鱼类的过鱼道可供借鉴和参考，厚唇裸重唇鱼、黄河裸裂尻鱼、花斑裸鲤均为裂腹鱼亚科鱼类，青海湖上的青海湖裸鲤过鱼道已投入使用，在每年繁殖季节都有成熟的亲鱼通过过鱼道进入上游，技术上可行。

2）修建鱼类增殖放流站

对于大中型水电水利工程，应在截流前在工程管理区范围内适当的地点建立鱼类增殖站，长期运行；对于流域梯级开发项目，可统筹考虑几个相互联系紧密的梯级联合修建增殖站，但其规模应满足全部梯级的增殖保护要求。重点增殖放流国家、地方保护及珍稀特有鱼类和重要经济鱼类，适当提高放流规模和规格。没有成熟繁殖技术的需开展鱼类保护关键技术研究。建立水生生态环境监测系统，长期监测鱼类增殖放流效果。

在大通河流域已开发和在建的水电水利工程均没有修建鱼类保护措施，也没有修建人工增殖放流设施。

工程建设需要重点保护的鱼类有拟鲇高原鳅、厚唇裸重唇鱼、花斑裸鲤、黄河裸裂尻鱼，在国内还没有成熟的繁殖技术和苗种生产单位。花斑裸鲤、黄河裸裂尻鱼的繁殖技术刚刚启动，已经开展了野生驯体的驯化研究工作。

据调查，青海省渔业环境监测站从2007年开始了花斑裸鲤、黄河裸裂尻鱼的人工驯化、繁殖技术研究，2008年完成了野生花斑裸鲤亲鱼的捕捞、运输、人工驯养等研究课题，同时从黄河流域捕捞亲鱼进行人工繁殖试验并取得成功，获得仔鱼200多尾。2009年4月11日至今，通过对花斑裸鲤亲鱼进行培育、催产、授精、孵化等一系列人工繁殖工作，已催产花斑裸鲤亲鱼2批共44组，成功催产36组，获得受精卵33.2万粒，平均授精率在90%以上，第一批花斑裸鲤受精卵已孵化仔鱼约11万尾，孵化率在60%以上，花斑裸鲤人工驯养繁育技术取得了重大突破。目前人工繁殖工作正在继续进行。

2009年4~5月期间，青海省渔业环境监测站技术人员从在湟水上游的盘道水库的自然水域陆续采集黄河裸裂尻鱼受精卵6万余粒，在实验室进行人工孵化。第一批采集的2万粒受精卵已成功孵化出仔鱼1.5万尾，孵化率为75%，现仔鱼陆续平游进入外源营养期，生长发育良好，平均体长1.5 cm。

在2009年3月，四川省水产研究所对花斑裸鲤和黄河裸鲤裂尻鱼开展了人工繁育研究，也培育出了鱼苗。青海湖裸鲤、齐口裂腹鱼的成功繁殖，也为花斑裸鲤等裂腹鱼类的繁殖技术提供了借鉴和经验。泥鳅、长薄鳅的人工繁殖技术为拟鲇高原鳅的繁殖提供了借鉴,另在2006年青海省一渔业生产单位孵化了拟鲇高原鳅近20 000尾,至2007年苗种成活3 000余尾。

人工增殖放流站开展增殖放流,可以加快渔业资源增加速度,通过调整培育规模,可以统筹兼顾大通河上下游的渔业资源增殖,并可以根据需要对大通河所有需要保护的鱼类进行繁育研究。所以,有必要在大通河建设鱼类增殖放流站,且技术可行。

3)推荐措施

出于对大通河鱼类实施保护的考虑,为了保护具有洄游特性的厚唇裸重唇鱼在该河段保持生境的连通性,应建设过鱼道;为了保护黄河裸裂尻鱼、花斑裸鲤,弥补过鱼道的不足,应建设增殖放流站。此外,还应加强对大通河上游以及重要支流的鱼类生境保护。

在投资允许的范围内,在鱼类增殖站的场区修建过鱼道,采取自然增殖与人工增殖相结合,效果最佳。增殖站场区内建设过鱼道,在北美的加拿大、美国比较普遍。在国内,尚没有在增殖站场区与过鱼道建设的先例。

6.6.2.3 修建过鱼道

鱼道是指在水利枢纽中使鱼类不受拦河坝的阻碍而能上行的设施。

鱼道的建设目的:使具有洄游特性的鱼类借助过鱼道进入上游进行产卵繁殖,完成生命史。根据该河段鱼类生态习性分析,本工程鱼道建设的目的主要是保护具有洄游特性的厚唇裸重唇鱼在该河段保持生境的连通性。

本工程引水枢纽是为引水时段壅高水位保证引水隧洞引水的低水头径流式枢纽,无调洪能力,正常引水位壅高水头约6 m,上下游水头差很小。每年非引水时段及引水时段来大洪水时,五孔开敞式平底排沙泄洪闸闸门全开,河道基本恢复天然情况,枢纽阻隔鱼类洄游的作用暂时消失。其余引水时段,受闸门控制影响,阻隔了洄游鱼类的通道,对半洄游性鱼类和非洄游性鱼类也有一定阻隔效应。

鱼道选址方案:左岸为挡水堆石坝,建鱼道不是很理想。建在右岸,生活管理区附近,便于管理。建在右岸可与增殖站相结合建设,建在增殖站内,可以做到有人维护,并对鱼道进行实时监控,也可以利用过鱼道在亲鱼洄游时采集亲鱼。

鱼道布置要求:根据鱼道进出口布置要求,依据地形条件结合引水枢纽布置情况,将鱼道进口布置在排沙泄洪闸下游右岸,以便靠近经常有水流下泄的地方,吸引鱼类上溯。鱼道的建设形式在设计时需要优化,过鱼道上行出口要远离输水洞进水口,防止在洄游过程中随水流进入输水洞;要避开泄洪冲沙闸,避免洄游上来又被水流卷回坝下。

鱼道结构:调查到的过鱼对象体长20~30 cm,过坝时段为每年的4~6月。适宜的过鱼流速在0.8~1 m/s。根据大通河鱼类资源分布情况,并参考国内外已建工程经验,结合引水枢纽布置情况,本工程过鱼建筑采用横隔板式鱼道。

鱼道主要设计参数要求:鱼道设计水位上游出口为引水枢纽正常引水位2 959.80 m,下游进口为排放生态基流的水位2 953.2 m,设计过鱼水位落差6.6 m。参考国内外已建工程经验,鱼道下部为矩形,底宽 B 为2 m,深0.8 m,上部为梯形,边坡1:1,总池深2.5 m。池室长度取1.3倍池宽,即2.6 m。鱼道隔板数 n 及鱼道有效长度 L 按下式计算:

$$n = k\frac{gH}{v^2}$$

$$L = 1.1nl$$

式中 k——系数，$k=2\varphi^2$，φ 为流速系数，取 $\varphi=0.85$；

H——设计水深，m，取 6.6 m；

g——重力加速度，采用 9.81 m/s^2；

v——鱼道设计流速，取 0.8 m/s；

l——池室长度，m。

经计算，鱼道池室隔板数为 147 个，鱼道有效长度 421 m。隔板采用孔口和竖缝组合式，底部孔口尺寸 0.8 m×0.8 m，竖缝为 0.5 m 宽，过鱼道横断面图见图 6-32。另外，鱼道建筑还应设进出口控制闸门，是否设置诱鱼、观鱼等设施，需下阶段进一步研究。

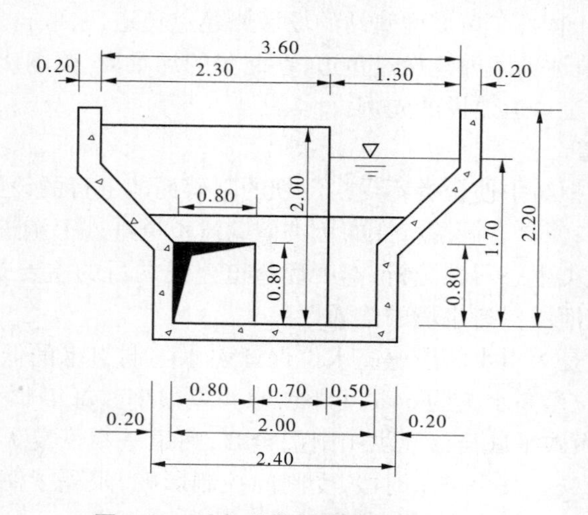

图 6-32 过鱼道横断面图 （单位：m）

6.6.2.4 人工增殖放流站

1）增殖方案

对于本项目来说，鱼道建设主要能够解决厚唇裸重唇鱼的保护问题，增殖放流主要为了保护黄河裸裂尻鱼、花斑裸鲤，弥补过鱼道的不足。增殖种类：拟鲇高原鳅、花斑裸鲤、黄河裸裂尻鱼（见表 6-37）。目前，大通河上下游的鱼类资源下降已是不争事实，衰退趋势还没有得到根本性扭转，根据繁殖技术研究进展情况和濒危程度来选择近期放流种类，并长远考虑中长期放流种类。

近期放流种类：目前这 4 种鱼类在国内均无成熟的繁殖技术，选择近缘种类繁殖技术成熟，繁殖技术可以借鉴且亲鱼来源比较容易的鱼类作为近期放流对象。近期放流种类定为常见种类黄河裸裂尻鱼、花斑裸鲤。

中长期放流种类：在进行黄河裸裂尻鱼、花斑裸鲤繁殖的同时，同步进行拟鲇高原鳅亲本采集工作，积极开展驯养繁育出苗的研究，可作为中长期的增殖放流对象。

放流标准：根据农业部《水生生物增殖放流规定》，放流苗种是本地种的原种或子一代，放流苗种必须经检验检疫合格，确保健康无病害、无禁用药物残留。

放流规格和数量：体长在 6～10 cm，近期按每亩 10 尾计算，需投放 3 万尾，每种各放 1.5 万尾。远期投放量 6 万尾。拟鲇高原鳅是凶猛性鱼类，放流数量可适当下调一些。

每3年为一个周期，放流数量可以根据评估效果进行论证，调整放流数量和种类。

表6-37　重点保护鱼类增殖放流方案

序号	项目	单位	数量	备注
一	增殖种类			拟鲇高原鳅、花斑裸鲤、黄河裸裂尻鱼
1	近期放流种类			花斑裸鲤、黄河裸裂尻鱼
2	放流数量	万尾	3	花斑裸鲤、黄河裸裂尻鱼各1.5万尾
3	放流规格	cm	6~10	
二	放流地点			
4	引水枢纽坝址上游			石头峡至坝址间
5	引水枢纽坝址下游			坝址下游，接近门源县城的河段
三	放流监测			
6	监测周期	年	3	每3年为一个监测周期
7	监测频次	次	2	水生生物繁殖旺盛期5~6月间、鱼类生长旺盛期7~8月间

增殖放流水域规模：引大济湟调水总干渠的淹没区很小，同时考虑到加快增殖大通河鱼类资源量，水域从距坝址下游第一个电站仙米电站至坝址上游的三道圈，约100 km，河宽平均20 m。折合3 000亩，兼顾了枢纽坝址的上下游。

放流地点：一是在坝址上游，选择在石头峡至坝址间，河面相对宽阔，河流较缓，河床相对平缓，人员操作相对安全的区域作为放流地点。二是在坝址下游，接近门源县城的河段，选择相同的水域，进行放流，可以扩大放流社会影响，提高当地保护土著鱼类的意识。

监测评估：在增殖站投入运行后，在黄河裸裂尻鱼、花斑裸鲤的增殖放流后，同步开展跟踪监测，进行效果评价。每3年为一个监测周期，每个监测周期结束后，根据监测结果和评价结果，适时调整放流种类、放流规模和数量。

增殖站运行模式：在冬季结冰前，将本年度所培育的鱼苗全部放掉。冬季仅开展亲鱼保种任务。

冬季保温措施：为了减缓冬季低温的影响，采取增加温室面积，用于保种、亲鱼越冬。

2）建设地点

选址第一方案为大通河枢纽坝址下游，首选方案是在枢纽坝址下游右岸业主营地内，水、电、交通、通信方便，工程建成以后，有管理区的长期运行管护，便于对增殖站进行运行、维护、监管。总占地面积约40亩。

选择地点比较，第二方案是在坝址上游进行建设，由于没有自流水，对于依靠集约化流水培育的增殖站，需要额外的费用进行抽水来满足运行需要，费用大，不利于长期的稳定运行。

第三方案是在坝址下游的门源青石嘴镇建设，优势是水、电、交通方便，此地距管理区较远，时间长久，不利于工程业主单位对增殖站的监管运行和协调。

经比选，选址第一方案较为可行。

3）水源要求

在设计时留出取水口，特别是增殖站要充分考虑冬季不调水或冲沙时取水，并能形成自流水,减少运行成本。参照青海省省内主要几座裂腹鱼类增殖站,运行后用水流量都在 0.5 m^3/s 以上,但不能低于 0.3 m^3/s,水质清澈。

4)洪水泥沙规避

在泥沙含量较高时,在场区配套建设渗水井,通过渗井,抽取经过渗滤的水,作为紧急备用水源。

5)主要建设内容

主要建设内容有:办公生活用房,实验室,苗种繁育车间,苗种(流水)培育池、亲鱼(流水)培育池、亲鱼保种池、隔离池、检疫池,孵化培育、增氧、备用水源(沉淀池、渗井)、备用电源的配套设施(见图 6-33)。

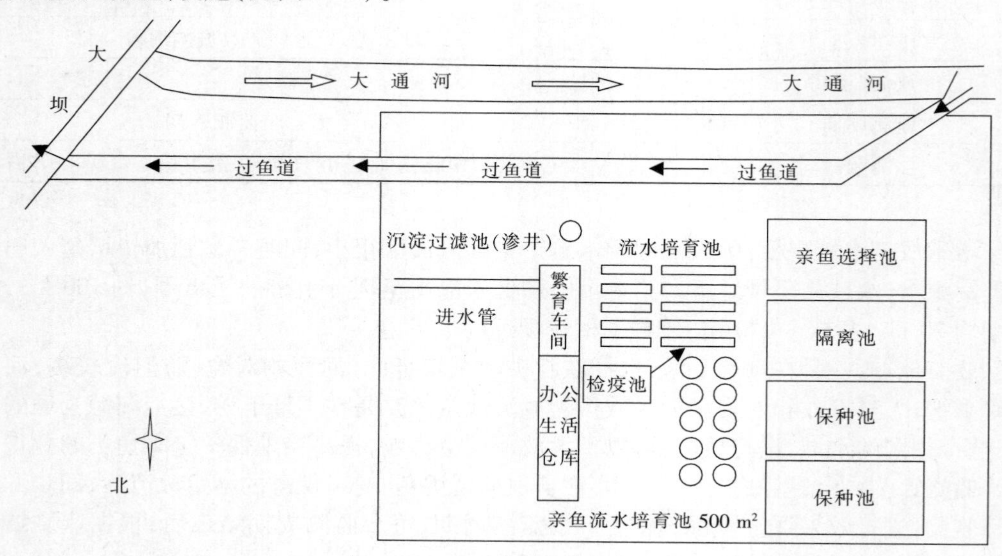

图 6-33 增殖放流站与过鱼道平面布局示意图

6)运行管理

根据《水电水利建设项目水环境与水生生态保护技术政策研讨会议纪要》(环办函[2006]11 号)要求,鱼类增殖站建成后,由业主单位负责管理和运行。也可以委托当地渔业主管部门进行管理,运行费用则由业主单位承担。

6.6.2.5 引水枢纽上游水生生境保护措施

引水枢纽上游基本处于天然状态,水资源开发利用程度低,目前尚无拦河水利水电工程,该河段以及主要支流莱斯河、永安河等仍是大通河鱼类的重要生境。因此,应合理规划大通河上游水利水电工程,维持大通河上游河段、重要支流的连通性,减免各类开发活动对大通河上游水生生境的破坏。

第7章 工程运行对受水区生态环境影响及对策措施研究

7.1 水文情势影响

工程运行对受水河段的水文情势影响分为黑泉水库上游宝库河纳拉段和下游北川河及湟水两部分进行分析。黑泉水库上游宝库河纳拉段主要根据黑泉水库坝址处的水文径流过程，分析多年平均工程调水前后宝库河入库段水文情势变化；引大济湟调水量经黑泉水库调节后，北川河黑泉水库下游和湟水干流部分主要受取用水及退水影响，此处只作定性分析。

7.1.1 宝库河纳拉段水文情势影响分析

工程出水口宝库河纳拉断面至黑泉水库大坝之间，距离较短，区间仅有俄博图沟和茶汗河等支流，为此本次计算将依据黑泉水库坝址处水文径流过程，分析多年平均工程调水前后宝库河入库段水文情势变化。

多年平均工程调水前后宝库河上游纳拉—黑泉水库段的水文情势变化分析见表7-1。

表7-1 调水前后宝库河纳拉—黑泉水库段水文情势变化分析 （单位：m^3/s）

月份	2015年				2020年				2030年			
	调水前	调水后	增加量	增加比例（%）	调水前	调水后	增加量	增加比例（%）	调水前	调水后	增加量	增加比例（%）
1	1.49	1.49	0	0	1.49	1.49	0	0	1.49	1.49	0	0
2	1.38	1.38	0	0	1.38	1.38	0	0	1.38	1.38	0	0
3	2.42	2.42	0	0	2.42	2.42	0	0	2.42	2.42	0	0
4	6.52	20.66	14.14	217	6.52	20.66	14.14	217	6.52	20.66	14.14	217
5	12.5	31.09	18.59	149	12.5	31.83	19.33	155	12.5	32.16	19.66	157
6	14.6	31.61	17.01	117	14.6	33.86	19.26	132	14.6	37.48	22.88	157
7	18.8	27.29	8.49	45	18.8	30.84	12.04	64	18.8	37.23	18.43	98
8	21.1	24.77	3.67	17	21.1	25.86	4.76	23	21.1	29.56	8.46	40
9	18.9	19.44	0.54	3	18.9	19.67	0.77	4	18.9	20.53	1.63	9
10	10.9	15.29	4.39	40	10.9	16.07	5.17	47	10.9	17.7	6.8	62
11	5.42	9.07	3.65	67	5.42	9.84	4.42	82	5.42	11.05	5.63	104
12	2.79	2.79	0	0	2.79	2.79	0	0	2.79	2.79	0	0
全年平均	9.73	15.61	5.87	60	9.73	16.39	6.66	68	9.73	17.87	8.14	84
调水期平均	13.59	22.40	8.81	65	13.59	23.58	9.99	73	13.59	25.80	12.20	90

分析可知：调水后，宝库河纳拉—黑泉水库段水量在4～6月、11月明显增加，其他月份的水量也均有不同程度的增加，其中：

(1)2015年多年平均调水后，年平均水量增加60%，调水期平均水量增加65%，调水期月均流量增加范围是0.54～18.59 m^3/s（最大增幅为5月），调水期月水量增加比例范围是3%～217%（最大增幅为4月）。

(2)2020年多年平均调水后，年平均水量增加68%，调水期平均水量增加73%，调水期月均流量增加范围是0.77～19.33 m^3/s（最大增幅为5月），调水期月水量增加比例范围是4%～217%（最大增幅为4月）。

(3)2030年多年平均调水后，年平均水量增加84%，调水期平均水量增加90%，调水期月均流量增加范围是1.63～22.88 m^3/s（最大增幅为6月），调水期月水量增加比例范围是9%～217%（最大增幅为4月）。

7.1.2 北川河及湟水干流水文情势影响分析

北川河的水文情势主要由黑泉水库的运行方式决定。工程运行后，每年所调水量中有约0.3亿 m^3 水量用以补充北川河河道基流，调水时段，北川河桥头断面流量增加约1 m^3/s。

湟水干流西宁以下河段水文情势则主要受上游来水、区间取用水及退水影响。工程运行后，受水区由于调水而产生的退水量2015年、2020年、2030年分别为0.25亿 m^3、0.32亿 m^3、0.43亿 m^3，加之北川河生态补水，2015年、2020年、2030年湟水西宁段由于本工程实施水量较现状年将分别增加0.86亿 m^3、0.99亿 m^3、1.18亿 m^3，占湟水西宁断面多年平均径流量(9.36亿 m^3)的比例分别为9.19%、10.58%和12.61%，湟水干流的水文情势不会发生明显变化。而且，随着受水区水资源利用效率的逐步提高以及中水回用率的逐步增加，受水区的污水排放量将进一步减少。

受水区2015年、2020年、2030年自身地表水供水量较现状年分别增加了0.93亿 m^3、0.93亿 m^3 和0.88亿 m^3，考虑规划年受水区退水量变化，湟水西宁断面水量2020年、2030年分别增加0.06亿 m^3、0.30亿 m^3。可见，工程运行后湟水西宁断面水文情势变化不大。

7.2 受水区生态环境影响研究

7.2.1 生态水量及影响研究

受水区河道内生态环境需水主要是满足维持河道基本形态、防止河道断流、保持水体一定的稀释自净能力而保留在河道中的生态基流。研究主要分析计算了受水区的西宁断面、支流北川河的黑泉水库坝址和桥头的河道内生态环境需水量。

生态环境需水量的计算方法采用Tennant法和分项计算方法。Tennant法计算河道内生态环境需水量，按多水期和少水期分别计算，即将天然情况下多年平均月径流量从小到大排序，前6个月为少水期，后6个月为多水期。根据以往的研究成果，少水期通常选取多年平均流量的10% ~20%、多水期通常选取多年平均流量的30% ~40%,二者相加,即为全年河道内生态环境需水量。结合湟水水资源的特性,多水期选择汛期7~10月4个月,少水期选择11月至次年6月8个月;河道内生态环境状况选择"好",多水期选择多年平均流量的40%,少水期选择多年平均流量的20%,二者相加,即为全年河道内生态环境需水量。

对于分项计算法,由于只需考虑生态基流,则计算方法主要有近10年最小月平均流量法、典型年最小月径流量法和Q_{95}法等。按上述各种计算方法计算,选取计算结果中的最小值,受水区主要控制断面河道内生态环境需水量见表7-2。其中西宁断面与现状河道来水为90%频率的最小月流量5.4 m^3/s相比,设计水平年增加4.9 m^3/s。

表7-2 主要控制断面河道内生态环境需水量

河名	水文站	河道基流量(m^3/s)	河道内生态环境需水量(亿 m^3)
湟水干流	西宁	10.30	3.25
支流北川河	黑泉水库	0.83	0.26
	桥头	3.73	1.18

根据1956~2000年实测径流资料,北川河桥头水文站多年平均径流量为6.09亿 m^3,其最大支流宝库河黑泉水库坝址处径流量为3.07亿 m^3,占桥头水文站多年平均径流量的50.4%。黑泉水库蓄水及其配套灌溉、供水设施建成生效之后,黑泉水库坝址处仅下泄河道内生态环境需水0.26亿 m^3,则北川河桥头站河道内生态环境需水1.18亿 m^3的要求无法满足(见表7-3)。

表7-3 河道基流补水量计算成果 (单位:亿 m^3)

河流	水文站	径流系列	实测平均年径流量	无引大调水	加入引大调水后
				河道内生态环境需水量	河道基流补水量
宝库河	黑泉水库坝址	1956~2000	3.07	0.26	0.39
北川河	桥头	1956~2000	6.09		1.18

引大济湟调水总干渠工程实施之后,从大通河净调水0.33亿 m^3补充北川河河道基流,满足桥头站河道内生态环境需水量。调水总干渠工程实现后,由于水量的增加,可置换出原占用的生态用水,黑泉水库坝下可以满足0.83 m^3/s的河道基流,保证河道生态环境需求。

7.2.2 陆生生物影响研究

宝库河纳拉至黑泉水库河段植被茂盛,人类活动少,水土流失较轻,属于重要的水源涵养区,工程运行后,该河段水量的增加有利于河段内河谷植被的生长,能够加强其水源涵养的功能。

工程运行后，北川河及湟水干流河段水文情势变化不明显，枯水期河道内生态水量增加较少。工程运行将促进北川河河岸植被的生长发育，避免北川河沿途河岸植被出现大面积退化。此外，调水实施后，受水区地下水开采压力减轻，将对该河段河谷生态系统的改善起到一定作用。

7.2.3 水生生物影响研究

受水河段宝库河浮游植物种类和数量以硅藻占绝对优势，为典型的河流型浮游植物群落；浮游动物以原生动物占优势；底栖动物以水生昆虫为主；水生维管束植物种类贫乏，仅有被子植物门1种；土著鱼类区系组成相同，属于中亚高原区系复合体，主要是裂腹鱼亚科和条鳅亚科鱼类。

坝址断面多年平均含沙量0.43 kg/m^3。调水工程运行后，宝库河泥沙含量不会有太大变化，宝库河水体的透明度基本不变，因此对宝库河的水生生物种类和数量没有太大影响。在引水隧洞进口安装隔离网，阻止大通河鱼类通过引水隧洞进入宝库河，两河水生生物和鱼类组成不会明显改变，资源丰度也不会增加。在引水隧洞出口安装隔离网，防止宝库河鱼类进入大通河，防止外来物种入侵。

调水进入宝库河后，在引水隧洞出口纳拉至黑泉水库河段，水体空间和河滩面积增大，生物资源量增加，水质不发生变化，鱼类“三场”面积增大，对宝库河鱼类的自然繁衍有着积极的促进作用。

湟水干流近年来由于受水资源开发利用和水污染的影响，鱼类的栖息环境遭到破坏，尤其是西宁以下河段鱼类很少被见到，湟水干流水生态系统现状很差。引大济湟调水总干渠工程运行后，湟水干流西宁以下水量将会有所增加，加上污染治理力度的加大，湟水干流水环境质量将有所改善，鱼类的产卵场、索饵场和越冬场将得到一定程度的恢复，有利于流域内鱼类的生长与繁衍，鱼类的种群数量会有所增加。

7.3 水环境影响研究

7.3.1 规划水平年废水排放及污水处理厂规模的匹配性分析

7.3.1.1 受水区废水排放量预测

参考可行性研究报告，规划年2015年、2020年和2030年本工程向受水区净供水量为1.17亿m^3、1.45亿m^{3}和2.13亿m^3，受水区总供水量为4.26亿m^3、4.56亿m^{3}和5.24亿m^3（见表7-4）。

按照生活污水排放系数0.7，工业废水排放系数0.48、0.46和0.41，预测受水区2015年、2020年和2030年废污水排放量为1.86亿m^3、2.05亿m^{3}和2.29亿m^3，其中由于本工程调水产生的废污水量为0.57亿m^3、0.72亿m^{3}和0.95亿m^3（见表7-5）。

表 7-4　受水区不同规划年供水量统计　（单位：亿 m^3）

受水区		2015 年	2020 年	2030 年
可供水量	西宁市	3.05	3.06	3.06
	北川工业园区	0.04	0.05	0.06
	合计	3.09	3.11	3.12
调水量	西宁市	0.22	0.43	0.95
	北川工业园区	0.95	1.02	1.17
	合计	1.17	1.45	2.12
总供水量	西宁市	3.27	3.49	4.01
	北川工业园区	0.99	1.07	1.23
	合计	4.26	4.56	5.24

表 7-5　受水区不同规划年废污水量预测　（单位：亿 m^3）

水平年	类别	受水区废污水量		调水产生的废污水量	
		产生量	入河量	产生量	入河量
2015	一般工业	1.06	1.03	0.46	0.45
	生活	0.8	0.74	0.11	0.1
	合计	1.86	1.77	0.57	0.55
2020	一般工业	1.15	1.11	0.57	0.55
	生活	0.9	0.79	0.15	0.13
	合计	2.05	1.9	0.72	0.68
2030	一般工业	1.26	1.19	0.75	0.71
	生活	1.03	0.84	0.2	0.16
	合计	2.29	2.03	0.95	0.87

7.3.1.2　受水区（西宁市和北川工业区）污水处理设施现状及规划情况

截至 2006 年底，西宁市第一污水处理厂（一期）处理能力 8.5 万 t/d，2006 年西宁城镇生活污水处理率为 21.2%。

根据《湟水流域水污染防治规划》，规划 2010 年受水区建设西宁市第一污水处理厂（二期）、西宁市第二污水处理厂（一期）、城南污水处理厂（已建）和大通县污水处理厂（一期），处理能力为 13 万 t/d（见表 7-6）。污水处理总规模为 21.5 万 t/d。

规划 2015 年受水区建设西宁市第三（海湖新区）污水处理厂和大通县污水处理厂（二期），处理能力为 6 万 t/d（见表 7-7）。污水处理总规模为 27.5 万 t/d。

7.3.1.3　规划水平年受水区城市污水处理设施规模预测

根据受水区废污水排放预测结果，考虑到城市污水处理厂收水工业废水和生活污水比例，考虑 2015 年、2020 年、2030 年有 30% 的工业废水进入城市污水处理厂集中处理。因此，预计 2015 年、2020 年、2030 年进入城市污水处理厂集中处理的城市污水量为 1.12 亿 m^3、1.25 亿 m^3 和 1.41 亿 m^3（见表 7-8）。

表 7-6　2010 年受水区城镇污水处理工程

市(县)	企业名称	2010 年		
		规模(万 t/d)	削减量(t/a)	
			COD	NH_3-N
西宁市	西宁市第一污水处理厂(二期)(一期 8.5 万 t/d 已运行)	5	4 950	413
	西宁市第二污水处理厂(一期)(已运行)	4.25	4 208	351
	城南污水处理厂(已建)	2.25	2 228	186
大通县	大通县污水处理厂(一期)	1.5	1 485	124
	合计	13	12 871	1 074

表 7-7　2015 年受水区城镇污水处理工程

地区	企业名称	2015 年		
		规模(万 t/d)	削减量(t/a)	
			COD	NH_3-N
西宁市	西宁市第三(海湖新区)污水处理厂	5.5	5 445	454
大通县	大通县污水处理厂(二期)	0.5	495	41
	合计	6	5 940	495

表 7-8　不同规划年受水区需处理的城市污水量预测

规划年	废污水量(亿 m^3)		折算污水处理厂规模(万 t/d)	
	总计	因调水而产生的废污水量	总计	因调水而需要的污水处理规模
2015	1.12	0.25	22.97	5.10
2020	1.25	0.32	27.29	7.04
2030	1.41	0.43	34.72	10.48

7.3.1.4　污水处理规模和受水区废水排放的匹配性分析

根据《湟水流域水污染防治规划》,污水处理厂规模只规划到 2015 年,2015 年污水处理厂处理能力为 27.5 万 t/d,从表 7-8 中可以看出,2015 年需要的污水处理规模约为 23 万 t/d,规划的城市污水处理规模能够满足处理要求。2020 年即使污水处理规模不增加,也基本可以满足城镇生活污水处理率 80% 的目标,2020 ~ 2030 年需要新增加污水处理能力 7.22 万 t/d。

7.3.2　受水区水质预测

7.3.2.1　受水区(西宁市及北川工业区段)水质预测

1)预测断面及预测模式

受水河流北川河选择引水隧洞出口至北川河入湟水口、湟水选择新宁桥至入黄口段作为受水河段预测范围;北川河上选择朝阳、湟水上选择小峡作为水质预测断面(见

图 7-1)。

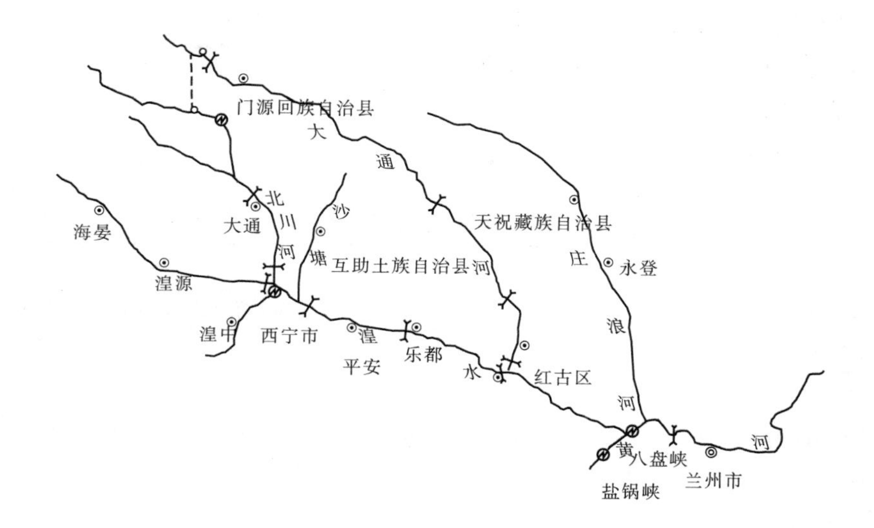

图 7-1 水环境影响预测范围及预测断面示意图

选择 COD 和氨氮作为主要预测因子。预测时段选择工程调水实现后 2015 年、2020 年和 2030 年枯水期及平水期。

根据调水河段、受水河段污染源和入河排污口分布状况,以及大通河、北川河和湟水的河道特征,依照《制定地方水污染物排放标准的技术原则与方法》(GB 3839—83)的有关规定,本次预测模式选用综合削减模式,其表达式为:

$$C_2 = (1 - K)(Q_1 C_1 + \sum q_i c_i)/(Q_1 + \sum q_i) \tag{7-1}$$

式中 Q_1——上游来水流量, m^3/s;

C_1——上游来水污染物浓度, mg/L;

q_i——旁侧排污口的流量, m^3/s;

c_i——旁侧排污口的污染物浓度, mg/L;

C_2——预测断面污染物浓度,mg/L;

K——污染物综合削减系数。

2)预测基点及预测结果

受水区 2015 年、2020 年实现《湟水流域水污染防治规划》既定水污染治理规模,2030 年增加 7.22 万 t/d 污水处理能力的基础上,经预测:枯水期,受水区北川河及湟水西宁河段水体水质较现状年均有所改善,但北川河朝阳、湟水小峡断面水质仍然不能满足水环境功能区划的Ⅳ类的要求,小峡断面略有超标,氨氮不能满足Ⅳ类的要求,小峡断面超标 1 倍以上。平水期,北川河朝阳 COD 和氨氮、湟水小峡断面水质 COD 能够满足水环境功能区划的Ⅳ类的要求,湟水小峡断面氨氮不能满足水环境功能区划的Ⅳ类的要求。

分析其原因,引大济湟工程实现后,用水增加,废污水排放量也随之增加,在落实水污染防治措施、加大污水处理力度、贯彻“三先三后”等条件下,受水河流水质较现状有所改善,但尚未完全达到功能区水质目标。主要是由于受水区排污造成,氨氮超标由于城镇污水处理厂缺少氮去除措施,建议受水区进一步采取污水处理厂深化处理措施,采取《城镇污水处理厂污染物排放标准》一级 A 标准。

7.3.2.2 受水区下游水质预测

1)预测断面及预测模式

预测河段长度及断面见表 7-9。

表 7-9 预测河段长度及断面

研究范围	预测断面
北川河:引水隧洞出口至北川河入湟水口约 90 km 河段	朝阳:引水隧洞出口下游约 90 km
湟水干流:西宁以下约 174 km 河段	小峡、平安、乐都、民和

选择 COD 和氨氮作为主要预测因子。预测时段选择工程调水实现后 2015 年、2020 年及 2030 年枯水期及平水期。预测模式选用综合削减模式。

2)预测基点

根据《黄河流域(片)水资源综合规划》湟水西宁以下区域水资源预测成果,对湟水西宁以下区域废污水、污染物排放量及入河量进行预测。预测基点如下:

(1)2015 年、2020 年、2030 年湟水流域工业废水全部达标排放。

(2)根据城建[2000]24 号文《城市污水处理及污染防治技术政策》的有关规定,考虑到目前黄河流域污染的严重程度及国家对污染的治理力度,2015 年城市污水处理率分别选取 75%(省会城市)、65%(县级城市及建制镇);2020 年城市污水处理率选取 80%;2030 年城市污水处理率选取 90%。同时,考虑到城市污水处理厂收水时,不可避免地会混入部分工业废水,预计 2015 年、2020 年、2030 年有 30% 的工业废水进入城市污水处理厂集中处理。

(3)互助、平安、乐都、民和城镇污水处理厂水质达到《城镇污水处理厂污染物排放标准》(GB 18918—2002)二级标准。

(4)城市污水处理厂处理后污水部分回用。按照国家有关要求,根据青海省的实际情况,生活污水处理再利用率 2015 年达到 10%,2020 年达到 15%,2030 年达到 20%。

2015 年、2020 年、2030 年湟水干流西宁以下区域共产生废污水分别为 5 997 万 m^3、6 513 万 m^3、6 968 万 m^3;在工业污染源达标、生活污水经污水处理厂处理,且有部分工业生活水回用后,COD 排放 6 070 t、6 213 t、5 821 t;氨氮排放 705 t、730 t、698 t,废污水入河量 4 857 万 m^3、5 275 万 m^3、5 644 万 m^3。

3)预测结果

2015 年、2020 年、2030 年受水河段北川河与湟水水环境质量预测结果见表 6-10。

经预测,湟水受水区以下河段规划水平年枯水期和平水期各断面 COD 能够满足水环境功能区划既定水质目标的要求,但各断面氨氮都有不同程度的超标。主要是由于西宁、平安、乐都、互助等县城密集排污,城镇污水处理厂缺少氮去除措施造成。因此,建议湟水干流地区严格落实《湟水流域水污染防治规划》,加大污水处理力度,加强氨氮治理力度,建议有关部门在尽快制定或修编相关污染防治规划,并监督和督促规划尽快落实,保证污水处理设施的规模满足处理要求。受水区严格贯彻“三先三后”调水原则,保障湟水实现既定水质目标。

表 7-10　2015 年、2020 年、2030 年污染源预测结果

城镇	水平年	排放量			入河量		
		废污水(万 t/a)	COD(t/a)	氨氮(t/a)	废污水(万 t/a)	COD(t/a)	氨氮(t/a)
湟中	2015	1 728.23	1 692.22	229.53	1 399.87	1 096.56	154.31
	2020	1 897.18	1 656.05	225.84	1 536.72	1 073.12	151.83
	2030	2 124.70	1 470.37	202.04	1 721.01	952.80	135.83
互助	2015	1 584.62	1642.27	123.55	1 283.55	1 064.19	83.06
	2020	1 720.44	1 706.44	132.47	1 393.56	1 105.77	89.06
	2030	1 828.09	1 629.41	133.91	1 480.75	1 055.86	90.03
平安	2015	763.69	764.27	87.97	618.58	495.25	59.14
	2020	830.32	798.01	93.44	672.56	517.11	62.82
	2030	886.11	768.28	92.31	717.75	497.85	62.06
乐都	2015	1 168.61	1 206.17	152.72	946.57	781.60	102.68
	2020	1 263.51	1 254.39	162.23	1 023.45	812.84	109.07
	2030	1 325.48	1 196.03	159.16	1 073.64	775.03	107.00
民和	2015	751.85	765.34	111.47	609.01	495.94	74.94
	2020	801.56	798.29	116.52	649.26	517.29	78.34
	2030	803.85	757.38	110.77	651.12	490.78	74.47
合计	2015	5 997	6 070.27	705.24	4 857.58	3 933.54	474.13
	2020	6 513.01	6 213.18	730.5	5 275.55	4 026.13	491.12
	2030	6 968.23	5 821.47	698.19	5 644.27	3 772.32	469.39

7.3.3　对受水区地下水超采量及控制的影响

湟水地区平原区地下水集中开采于西宁盆地的城市供水水源地和厂矿企业自备水源地,大部分用于生活用水和工业生产用水,受水区地下水可开采量为 1.46 亿 m^3,2006 年受水区地下水实际供水量为 2.3 亿 m^3,其中不合理用水即地下水超采量为 1.1 亿 m^3。

据调查,西宁盆地内现有六大供水水源地,另有 20 余家厂矿企业使用自备水源,其中北川河地区的西宁第六水厂开采致使塔尔水源地降落漏斗中心静水位下降 7.34 m,降落漏斗面积达到 11 km^2;第四水厂的开采致使大通县史家庄水源地降落漏斗中心静水位下降 5 m,降落漏斗面积达到 6 km^2。地下水开采造成上述地区地面建筑沉陷、民用井干枯、地表植被枯萎等问题。

调水总干渠工程运行后,西宁市将逐步关停地下水和自备水源,由从利用地下水过渡到利用地表水。按照总量控制、逐步退还深层地下水开采量和平原区浅层地下水超采量、区域地下水采补平衡的原则,规划年受水区地下水按 0.9 亿 m^3 进行开采。规划年地下水开采量较现状减少约 1.4 亿 m^3,将有效缓解局部地下水超采的局面。

北川河河谷潜水是西宁市的重要水源,调水实施后,以北川河河谷潜水为水源的西宁

市目前的第四水水厂和第六水厂将分别被限制开采规模和关闭，北川河河谷潜水开采量每年将减少0.13亿～0.27亿m^3，这将有效缓解北川河河谷地下水位的下降趋势。

对于工程建设后湟水平原区特别是西宁盆地地下水位变化应加强观测，并做进一步专题研究。

7.4 生态环境保护措施

7.4.1 水环境影响减缓措施研究

现状湟水干流水质污染较重，西宁以下河段多劣于地表水Ⅴ类水质标准。建议青海省有关部门根据水环境保护的总体目标要求，进一步提高水污染防治和水资源保护工作力度，加快《湟水流域水污染防治规划》等规划的修编和制定，尽快增加城市污水处理的规模，确保水环境功能区水质目标如期实现。受水区必须严格落实"三先三后"原则，即先节水后调水、先治污后通水、先环保后用水。编制受水区水污染防治规划，减轻湟水水质污染。研究建议采取以下工程和非工程措施。

7.4.1.1 城镇污水处理工程(含管网改造、雨污分流等工程)

调水总干渠工程运行后，使受水区社会经济用水量得以增加，随之废污水排放量也有所增加，因此需要进一步加强污水处理工程的建设。

现状湟水干流各城镇废污水处理能力低下，应重点建设城镇污水处理厂、排水管网改造、雨污分流及河道清淤、生活垃圾处理等工程，一方面合理确定污水处理厂设计标准及处理工艺，新、改、扩建的污水处理厂要配套脱氮工艺，确保达到一级排放标准；加强城市污水处理厂建设，增大城市污水处理厂废污水收水率和污染物的去除率，尤其是氮的去除率。另一方面加强污水处理设施配套工程建设，大力推进对雨污合流管网系统的改造，提高城镇污水收集的能力和效率。节约用水，提高城市污水再生水利用率。考虑到湟水流域水资源的稀缺，应大力加强节水宣传，加强节水措施的建设，提高水的重复利用率和回用率。

7.4.1.2 重点污染源治理工程(含清洁生产工程)

对废污水排放量较大及污染严重的工业企业需要进一步治理，使废污水排放水质达标排放。严格按照《黄河中上游水污染防治规划》要求，限期治理重点工业污染源，积极推进清洁生产，大力发展循环经济。应借助国家西部大开发的良好时机，调整工业结构、改进生产工艺，提高工业企业清洁生产水平，最大程度地减少污染物排放量和入河量。

7.4.1.3 水源地保护工程

饮用水源安全直接关系到城镇居民的健康安全问题，根据水源资料调查，湟水流域地表水供水量不足，地下水存在超采现象，因此对水源地应加强保护，主要包括污染防治、水源涵养、管网改造等措施。措施的实施对水源地生态环境保护及解决潜在的污染隐患至关重要，直接关系到西宁市主要水厂的输水安全，也关系到流域内经济社会的可持续发展，具有重要的现实意义。

7.4.1.4 生态保护与面源污染治理

根据调查资料，湟水流域目前水土流失较为严重。截至2000年，湟水流域内共完成水土流失综合治理面积518 355.38 hm^2，治理程度31.13%（占轻度以上水土流失面积比例），青海省完成综合治理面积456 653.15 hm^2，治理程度32.90%，需要提高水土保持治理的力度，减少泥沙及土壤有机质的入河。

农药化肥是面源污染的重要来源，因此为改善湟水干流的水环境，需在农业生产中积极推广测土配方施肥、平衡施肥技术，组织、鼓励农民使用农家肥等有机肥料；积极推广使用高效、低毒、低残留的新农药。

7.4.1.5 环境监测网建设

在上述四方面工程的基础上加强环境监测网建设，包括湟水流域水质监测系统、湟水干流水质自动监测系统、重点企业在线自动监测系统和总量控制的自我申报与审核体系。健全和完善湟水流域水环境监测能力与网络，为政府决策部门提供有力的技术支持。

7.4.2 生态保护措施

引大济湟调水总干渠工程运行后，受水河流水量增加，水体空间和河滩面积增大，生物资源量增加。水量的增加有利于河段内河谷植被的生长，并使地下水得到补给，从而加强植被水源涵养的功能。因此，总体来看，工程实施后河流生态环境以及区域生态环境均会得到改善，工程对区域生态环境主要为有利影响。在生态保护措施方面，应在引水隧洞出口安装隔离网，阻止宝库河鱼类通过引水隧洞进入大通河，在引水隧洞进口安装隔离网，阻止大通河鱼类通过引水隧洞进入宝库河。

第 8 章　研究结论及建议

8.1　结　论

8.1.1　工程施工对区域生态环境影响

工程所处区域属高寒高海拔地区，人类活动少，生态环境良好，工程涉及的大通河和宝库河河段水体清澈，现状水质为Ⅰ类，水质目标均为Ⅱ类，按照《水功能区管理条例》要求，工程施工生产、生活废污水应严禁入河。本研究建议施工生产、生活废水采取处理措施后回用于生产，实现废水零排放，施工期废污水不会对大通河和宝库河水质产生影响。施工期间产生的粉尘、废气和噪声对区域环境空气质量、声环境质量影响有限，采取措施后周围环境敏感点较小，且将随施工的结束而消失，总体来说，对环境影响不大。

工程所处区域土地利用类型以草地为主，工程进口区域主要植被为草原以及高寒灌丛、高寒草甸、油菜和青稞等耐寒性强的农业作物，工程出口区河谷滩地和坡地主要分布有苔草、杂类草草甸、高寒灌丛植被，引水隧洞穿越的大坂山高山湿润地区主要分布有苔草和蒿草等青藏高原地区典型高寒草甸，无国家级和省级重点保护野生植物分布。水库淹没、工程施工将造成植被损失。植被损失主要为青稞等栽培植物，其次是以沙棘、水柏枝、山生柳为主灌木丛。这些植被类型都是青藏高原分布较普遍的类型，对陆生植物的影响仅是数量上的损失。工程扰动原地貌、损坏土地和植被面积 182.58 hm^2，损坏水土保持设施面积 156.07 hm^2；新增水土流失量为 8.71 万 t。对施工迹地结合水土保持措施，表土回填后，采用沙棘、垂穗披碱草、早熟禾等乡土植物，以灌草结合方式进行植被恢复，加快自然恢复过程以及保持植物群落的稳定性，需要 2 ~ 3 年的时间植被盖度可达到原生状态。

工程施工影响区域野生动物主要有旱獭、野兔和小型啮齿类、鸟类，无国家级保护野生动物活动，工程建设不涉及保护性野生动物的次要栖息地。施工过程中的爆破、机械开挖、堆渣和车辆碾压使施工区域地貌及植被条件改变，使本区域部分两栖和爬行动物丧失其生存、繁衍的环境而迁往他处，但不会危及这些动物的生存。施工区域附近河段的鱼类受噪声而逃离，工程竣工后绝大部分影响会消除。工程施工期间应加强环境保护宣传，禁止捕杀野生动物。

8.1.2　工程运行对调水区生态环境影响

工程运行后，对调水区大通河流域的主要影响为引水枢纽对鱼类等水生生物的阻隔作用，下泄水量的减少对引水枢纽下游河道生态环境用水、河谷植被的影响，以及对下游用水户的影响。

工程运行后，调水河流大通河引水枢纽坝上和坝下浮游生物、底栖动物、水生维管束植物数量发生变化，大通河鱼类栖息生境、繁殖条件和饵料条件发生变化，但保护性鱼类黄河裸裂尻、花斑裸鲤、厚唇裸重唇鱼、拟鲇高原鳅仍存在产卵场条件，不会产生物种灭绝问题。枢纽阻隔将导致原连续河段鱼类种群分为坝上、坝下两个群体，坝上在缓水区域，定居性鱼类高原鳅鱼类的数量会有所增加。在坝下河段，受水量减少、枢纽阻隔的影响，鱼类资源量呈下降趋势。现状调查到引水枢纽上游 7 km 处有拟鲇高原鳅的产卵场，由于该产卵场在引水枢纽上游，且拟鲇高原鳅洄游习性不明显，工程运行对该产卵场没有影响。工程设计建设鱼道以保护具有洄游特性的厚唇裸重唇鱼，并拟在枢纽坝址下游右岸业主营地内建设鱼类增殖站，近期放流黄河裸裂尻鱼、花斑裸鲤，中长期放流厚唇裸重唇鱼、拟鲇高原鳅，以更好地保护鱼类资源。

工程运行后，调水期各月坝址断面下泄水量较工程建设前有所减少，但引水时段各月下泄水量均满足河道适宜生态水量需求，不会对下游生态环境用水造成影响。因此，对沙棘、水柏枝等河谷灌丛植被影响不大，不会出现灌木植被消失及无法正常更新等情况，但河谷灌丛植被生物量有所变化。

大通河属山区性河流，两侧依山傍岭，社会经济不是十分发达，工程实施后，虽然取用部分水量，但是大通河水质基本不受影响，坝址下游约 20 km 处的门源县城断面以及下游约 259 km 处的享堂断面水质均可达标，工程调水对坝址下游的大通河水质无显著影响，水质状况能够满足沿岸取用水的需求。工程引水后，大通河天堂寺断面各月来水量均可满足流域内甘肃省用水户用水以及引大入秦跨流域调水需求，不会对下游甘肃省用水户造成大的影响。

8.1.3 工程运行对受水区生态环境影响

引大济湟调水总干渠工程运行后，受水河流水量的增加有利于河段内河谷植被的生长，并使地下水得到补给，总体来看工程对区域生态环境有利。

工程调水给受水区作为生产、生活用水使用，间接增加了受水区的污水排放量。目前，受水区的北川河、湟水河段水质存在超标现象，主要超标原因为沿岸城镇工业废水和生活污水未经处理大量排入，2006 年西宁城镇生活污水处理率仅为 21.2%。因此，需要尽快提高受水区的污水处理能力。经预测，规划水平年，受水区北川河及湟水西宁河段水体水质较现状年均有所改善，但北川河朝阳、湟水小峡断面水质仍然不能满足水环境功能区划的Ⅳ类的要求，主要为氨氮不能满足Ⅳ类的要求。

根据《湟水流域水污染防治规划》（2006～2015 年），规划 2010 年受水区建设西宁市第一污水处理厂（二期）、西宁市第二污水处理厂（一期）、城南污水处理厂（已建）和大通县污水处理厂（一期），处理能力为 13 万 t/d，规划 2015 年受水区建设西宁市第三（海湖新区）污水处理厂和大通县污水处理厂（二期），处理能力为 6 万 t/d，至 2015 年，受水区污水处理总规模可达到 27.5 万 t/d。研究预测，2015 年受水区需要的污水处理规模约为 23 万 t/d，规划的城市污水处理规模能够满足处理要求。《湟水流域水污染防治规划》对污水处理厂的规模只规划到 2015 年，研究预计 2020～2030 年受水区需要新增加污水处理能力约 7.43 万 t/d，建议有关部门尽快制定或修编相关污染防治规划，并监督和督促规划尽快落实,保证污水处理设施的规模满足处理要求。

8.2 建 议

鉴于本工程建设地区生态环境较为脆弱,为改善和保护工程建设区、调水区、受水区自然生态系统,提出如下几项建议:

(1)加强大通河流域水资源利用的统一规划与管理,建议相关部门组织开展大通河流域水资源开发现状(含水电站开发现状)的环境影响后评价。对其造成的区域性生态问题进行研究,提出减缓其影响的合理化建议,避免自然河流的进一步非连续化,维护区域生态平衡。对不符合规划及无序建设的水电站进行处理。

(2)建议青海省水行政主管部门组织开展引大济湟工程规划的环境影响研究。

(3)鉴于湟水流域的水污染现状,青海省环保行政主管部门应组织开展湟水流域污染防治规划修编,以利于与引大济湟工程规划的协调。

(4)工程实际运行过程中,根据来水情况,在枯水月份所有取水工程都要按照黄河水量调度丰增枯减的原则,同比例减少取水,优化调水方案。工程建成后,应按黄河流域水资源统一管理的要求进行调度运行管理。

(5)下阶段进一步研究优化调水总干渠与黑泉水库的联合调度方式和控制条件,优化设计调水量和当地水、外调水的配置方案,综合考虑水库来水情况以及供水、防洪任务,尽可能保证供水任务;加强黑泉水库优化调度研究,完善预警预报系统,合理利用黑泉水库防汛库容。

(6)在湟水干流受水区,应切实贯彻“三先三后”的调水原则,节约工业、生活用水,提高农业灌溉用水效率,完善用水计量监督和废污水处理措施,加强湟水干流区面源污染治理和地下水源地保护,制定特枯年份的应急供水预案。

(7)工程为调水项目,水质安全保障极其重要,建议对工程编制水环境保护规划,对工程涉及的区域及河段制定具体可行的水资源保护、水污染防治措施。

(8)工程建设区域生态环境脆弱,建议工程施工期及运行期加大环境管理力度,尽可能杜绝一切破坏生态的事件发生。

(9)鉴于引水工程实施对大通河中下游河流生态系统以及河岸两侧的灌丛、森林植被的不利影响具有潜在性、累积性和复杂性的特点,应开展对大通河下游河段因水量减少与水位下降河岸边植被演替的生态监测工作。同时,建议在西宁市的重要水源地黑泉水库和引水库区禁止开展淡水养鱼,以减少外来物种入侵的潜在风险。

(10)认真落实工程区生态恢复措施、水土保持措施和移民生产安置规划,在施工期积极开展环境保护措施的后续设计,确保各项环境保护措施的有效实施。

(11)尽快开展大通河流域生态调查工作及工程调水对河流生态系统影响的专题研究,保护大通河流域生态系统的安全与稳定。

参考文献

[1] 曹俊峰,何予川,张军梅.大通河可外调水量的分析研究[J].人民黄河,1997(12):33-36.

[2] 张继勇,侯晓明.大通河流域径流分析及水资源评价[J].人民黄河,1997(12):29-32.

[3] 李长春.大通河流域生态环境恢复问题探讨[J].现代农业科技,2008(12):367.

[4] 侯天民,王定晖.大通河流域水电资源开发对生态环境影响及管理对策[J].青海环境,2007,17(4):164-166.

[5] 李万寿,陈爱萍,李晓东,等.大通河流域水资源外调及其对生态环境的影响[J].干旱区研究,1997,17(1):8-15.

[6] 张海红.大通河流域调水后生态环境影响的初步评价[J].青海环境,2004,14(3):104-106.

[7] 刘进琪.大通河跨流域调水对生态环境的影响[J].甘肃科学学报,2006,18(1):49-52.

[8] 刘进琪.大通河调水对水资源及生态环境的影响[J].水资源保护,2007,23(1):22-24.

[9] 董哲仁,孙东亚,等.生态水利工程原理与技术[M].北京:中国水利水电出版社,2007.

[10] 郝伏勤,黄锦辉,李群.黄河干流生态环境需水研究[M].郑州:黄河水利出版社,2005.

[11] 朱党生,周奕梅,邹家祥.水利水电工程环境影响评价[M].北京:中国环境科学出版社,2006.

[12] 曹喆,秦宝平,王斌遥.遥感技术在北大港实地生态监测中的应用[J].三峡环境与生态,2008,1(1):31-34.

[13] 中国科学院西北高原生物研究所.青海经济动物志[M].西宁:青海人民出版社,1989.

[14] 中国科学院西北高原生物研究所.青海省植物志[M].西宁:青海人民出版社,1999.

[15] 周立华,孙世洲.青海省植被图[M].北京:中国科学技术出版社,1990.

[16] 王基琳,蒋卓群.青海省渔业资源和渔业区划[M].西宁:青海人民出版社,1988.

[17] 汪松,解焱.中国物种红色名录(第一卷)[M].北京:高等教育出版社,2004.

[18] 李梅,黄强,张洪波,等.基于生态水深-流速法的河段生态需水量计算方法[J].水力学报,2007,38(6):738-742.

[19] 三江源自然保护区生态保护与建设编辑委员会.三江源自然保护区生态保护与建设[M].西宁:青海人民出版社,2007.

[20] 青海湖流域生态环境保护与修复编辑委员会.青海湖流域生态环境保护与修复[M].西宁:青海人民出版社,2008.

[21] 肖锦.城市污水处理及回用技术[M].北京:化学工业出版社,2002.

[22] 蒋固政,余秋梅.水库工程对水生生物的影响及评价方法[J].水利渔业,1999(2).

[23] 武云飞,吴翠珍.青藏高原鱼类[M].成都:四川科学技术出版社,1992.

[24] 常炳炎,席家治,等.黄河流域水资源合理分配和优化调度研究[M].郑州:黄河水利出版社,1997.

[25] 华东水利学院.水工设计手册(第6卷)泄水与过坝建筑物[M].北京:水利电力出版社,1987.

[26] 张建军,徐志修,张建中,等.黄河水环境承载能力研究及应用[M].郑州:黄河水利出版社,2008.

[27] 尚玉昌,蔡晓明.普通生态学[M].北京:北京大学出版社,1992.

[28] 邹家祥.环境影响评价技术手册·水利水电工程[M].北京:中国环境科学出版社,2009.

[29] 赵敏,常玉苗.跨流域调水对生态环境的影响及其评价研究综述[J].水利经济,2009,27(1):1-4.

[30] 汪达.论国外跨流域调水工程对生态环境的影响与发展趋势——兼谈对我国南水北调规划的思

考[J].环境科学动态,1999(3):28 -32.
[31] 万咸涛.我国跨流域调水工程建设对生态与环境影响概述[J].江苏环境科技,1999(1):44 -46.
[32] 汪明娜,汪达. 调水工程对环境利弊影响综合分析[J] .水资源保护,2002,18(4):14.
[33] 邵东国.跨流域调水工程规划调度决策理论与应用[M].武汉:武汉大学出版社,2001.
[34] Daren T D,Harris T R,Mead R,et al. Social accounting impact model for analysis associated with the Truckee River Operating Agreement and the water quality settlement agreement study area[R]. Reno: University of Nevada,1998.
[35] 祈继英,阮晓红. 大坝对河流生态系统的环境影响分析[J]. 河海大学学报:自然科学版,2005,33(1):37 -40.
[36] 周万平,郭晓鸣,等. 南水北调东线一期工程对洪泽湖水生生物及生态环境影响的预测[J].湖泊科学,1994,6(2):131 -135.
[37] 苏万益,田卫宾,等. 南水北调西线工程建设对调水区及受水区生态与环境的影响[J].中国水土保持,2008(2):31 -34.

附录1　区域主要种子植物名录

一、裸子植物

Pinaceae　松科

Picea crassifolia Kom.　青海云杉

Cupressaceae　柏科

Sabina przewalskii Kom.　祁连圆柏

Ephedraceae　麻黄科

Ephedra monosperma Gmel. ex C. A. Mey.　单子麻黄

二、被子植物

Salicaeeae　杨柳科

Populus simonii Carr.　小叶杨

Salix oritrepha Schneid.　山生柳

S. spathulifolia Seenen　匙叶柳

S. myrtillacea Anderss　坡柳

S. taoensis Gorz　洮河柳

Betulaceae　桦木科

Betula platyphylla Suk.　白桦

B. albo - sinensis Burk.　红桦

Urticaceae　荨麻科

Parietaria micrantha Ledeb.　墙草

Urtica hyperborea Jacq. ex Wedd.　高原荨麻

Polygonaceae　蓼科

Fagopyrum tataricum（L.）Gaertn.　苦荞麦

Koenigia islandica L.　冰岛蓼

Polygonum aviculare L.　扁蓄

P. macrophyllum D. Don　头花蓼

P. pilosum(Maxim.) Forbes et Hemsl.　毛蓼

P. sibiricum Laxm.　西北利亚蓼

P. viviparum L.　珠芽蓼

Rheum pumilum Maxim.　矮大黄

Rh. tanguticum Maxim. ex Batalin　鸡爪大黄

Rumex acetosa L.　酸模

R. patientia L.　巴天酸模
Chenopodiaceae　藜科
Atriplex sibirica L.　西伯利亚滨藜
Chenopodium foetidum Schrad.　菊叶香藜
Ch. glaucum L.　灰绿藜
Ch. hybridum L.　杂配藜
Salsola collina Pall.　猪毛菜
Suaeda glauca（Bunge）Bunge　碱蓬
Caryophyllaceae　石竹科
Arenaria kansuensis Maxim.　甘肃雪灵芝
A. melanandra（Maxim.）Mattf. ex Hand. – Mazz.　黑蕊无心菜
A. przewalskii Maxim.　福禄草
A. saginoides Maxim.　漆姑无心菜
Cerastium arvense L.　卷耳
C. caespitosum Gilib.　簇生卷耳
Melandrium apetalum（L.）Fenzl　无瓣女娄菜
M. apricum（Turcz.）Rohrb.　女娄菜
Sagina japonica（Swartz）Ohwi　漆姑草
Silene tenuis Willd.　细蝇子草
Stellaria decumbens Edgew. var. pulvinata Edgew. et Hook. f.　垫状偃卧繁缕
S. uda F. N. Williams　湿地繁缕
S. umbellata Turcz.　伞花繁缕
Ranunculaceae　毛茛科
Aconitum flavum Hand. – Mazz.　伏毛铁棒锤
A. gymnandrum Maxim.　露蕊乌头
A. sinomontanum Nakai　高乌头
A. tanguticum（Maxim.）Stapf　唐古特乌头
Adonis coerulea Maxim.　蓝花侧金盏
Anemone imbricata Maxim.　叠裂银莲花
A. obtusiloba D. Don subsp. ovalifolia Brühl　疏齿银莲花
A. rivularis Buch. – Ham. ex DC.　草玉梅
A. trullifolia Hook. f. et Thoms. var. linearia（Brühl）Hand. – Mazz.　条叶银莲花
Clematis glauca Willd.　灰绿铁线莲
C. tangutica（Maxim.）Korsh.　甘青铁线莲
Delphinium caeruleum Jacq. ex Camb.　蓝花翠雀
D. pylzowii Maxim.　大通翠雀
Halerpestes tricuspis（Maxim.）Hand. – Mazz.　三裂碱毛茛
Oxygraphis glacialis（Fisch. ex DC.）Bunge　鸭跖花

Paeonia veitchii Lynch　川赤芍
Paraquilegia anemonoides (Willd.) Engl. ex Ulbr.　乳突拟耧斗菜
Ranunculus brotherusii Freyn　鸟足毛茛
R. nephelogenes Edgew.　云生毛茛
R. pulchellus C. A. Mey.　美丽毛茛
R. tanguticus (Maxim.) Ovcz.　高原毛茛
Thalictrum alpinum L.　高山唐松草
Th. foetidum L.　香唐松草
Th. przewalskii Maxim.　长柄唐松草
Th. rutifolium Hook. f. et Thoms.　芸香唐松草
Trollius farreri Stapf　矮金莲花
Berberidaceae　小檗科
Berberis dasystachya Maxim.　直穗小檗
B. vernae Schneid.　西北小檗
Papaveraceae　罂粟科
Corydalis bokuensis L. H. Zhou　宝库黄堇
C. dasysptera Maxim.　叠裂紫堇
C. linearioides Maxim.　条裂紫堇
C. pauciflora (Steph.) Pers. var. latiloba Maxim.　宽瓣延胡索
C. pauciflora (Steph.) Pers. var. foliosa L. H. Zhou　大板山延胡索
C. trachycarpa Maxim.　糙果紫堇
Hypecoum leptocarpum Hook. f. et Thoms.　细果角茴香
Meconopsis horridula Hook. f. et Thoms. var. racemosa (Maxim.) Prain　总花绿绒蒿
M. integrifolia (Maxim.) Franch.　全缘绿绒蒿
M. quintuplinervia Regel　五脉绿绒蒿
Cruciferae　十字花科
Cardamine tangutorum O. E. Schulz　紫花碎米荠
Cheiranthus roseus Maxim.　红花桂竹香
Descurainia sophia (L.) Webb ex Prantl　播娘蒿
Draba altaica (C. A. Mey.) Bunge　阿尔泰葶苈
Dr. eriopoda Turcz.　毛葶苈
Dr. lanceolata Royle　锥果葶苈
Dr. nemorosa L.　葶苈
Dr. oreades Schrenk　喜山葶苈
Hedinia tibetica (Thoms.) Ostenf.　藏荠
Lepidium apetalum Willd.　毛萼独行菜
Malcolmia africana (L.) R. Br.　涩荠
Nasturtium tibeticum Maxim.　西藏豆瓣菜

Thlaspi arvense L.　遏兰菜
Torularia humilis（Mey.）O. E. Schulz　念珠芥
Crassulaceae　景天科
Hylotelephium angustum（Maxim.）H. Ohba　狭穗八宝
Rhodiola algida（Ledeb.）Fisch. et Mey. var. tangutica（Maxim.）Fu　唐古特红景天
Rh. quadrifida（Pall.）Fisch. et Mey.　四裂红景天
Rh. subopposita（Maxim.）Jacobsen　对叶红景天
Sedum aizoon L.　费菜
S. roborovskii Maxim.　阔叶山景天
Saxifragaceae　虎耳草科
Chrysosplenium nudicaule Bunge　裸茎金腰
Parnassia oreophila Hance　细叉梅花草
P. trinervis Drude　三脉梅花草
Ribes glaciale Wall.　冰川茶藨
R. himalense Royle ex Decne.　糖茶藨
Saxifraga atrata Engl.　黑虎耳草
S. cernua L.　零余虎耳草
S. montana H. Smith　山地虎耳草
S. przewlskii Engl.　青藏虎耳草
S. tangutica Engl.　唐古特虎耳草
S. unguiculata Engl.　爪瓣虎耳草
Rosacea　蔷薇科
Agrimonia pilosa Ledeb.　龙芽草
Chamaerhodos erecta（L.）Bunge　直立地蔷薇
Coluria longifolia Maxim.　长叶无尾果
Cotoneaster adpressus Boiss.　匍匐栒子
Fragaria orientalis Losinsk.　东方草莓
Geum aleppicum Jacq.　路边青
Potentilla angustiloba Yü et Li　窄裂委陵菜
P. anserina L.　蕨麻
P. bifurca L.　二裂委陵菜
P. fruticosa L.　金露梅
P. glabra Lodd.　银露梅
P. multicaulis Bunge　多茎委陵菜
P. multifida L.　多裂委陵菜
P. saundersiana Royle　钉柱委陵菜
Rosa sweginzowii Koehne　扁刺蔷薇
Rubus irritans Focke　紫色悬钩子

Sibbaldia tetrandra Bunge　四蕊山莓草
Sibiraea angustata（Rehd.）Hand. – Mazz.　窄叶鲜卑花
Spiraea alpina Turcz.　高山绣线菊
Leguminosae　豆科
Astragalus chilienshanerrsis Y. C. Ho　祁连山黄芪
A. datunensis Y. C. Ho　大通黄芪
A. licentianus Hand. – Mazz.　甘肃黄芪
A. mahoschanicus Hand. – Mazz.　马衔山黄芪
A. polycladus Bur. et Franch.　多枝黄芪
A. przewalskii Bunge　黑紫花黄芪
Caragana brevifolia Kom.　短叶锦鸡儿
C. jubata（Pall.）Poiret　鬼箭锦鸡儿
Hedysarum algidum L. Z. Shue　块茎岩黄芪
H. multijugum Maxim.　红花岩黄芪
Melilotoides archiducis – nicalai（Sirj.）Yakov.　青藏扁宿豆
Oxytropis deflexa（Pall.）DC.　急弯棘豆
O. kansuensis Bunge　甘肃棘豆
O. ochrocephala Bunge　黄花棘豆
Thermopsis lanceoelata R. Br.　披针叶黄华
Th. licentiana Pet. – Stib.　光叶黄华
Vicia amoena Fisch.　山野豌豆
V. cracca L.　广布野豌豆
V. unijuga A. Br.　歪头菜
Geraniaceae　牻牛儿苗科
Geranium pratense L.　草地老鹳草
G. pylzowianum Maxim.　甘青老鹳草
G. sibiricum L.　鼠掌老鹳草
Polygalaceae　远志科
Polygala sibirica L.　西伯利亚远志
Euphorbiaceae　大戟科
Euphorbia helioscopia L.　泽漆
E. stracheyi Boiss.　高山大戟
Malvaceae　锦葵科
*Malva verticillata*L.　冬葵
Tamaricaceae　柽柳科
Myricaria paniculata P. Y. Chang et Y. J. Chang.　三春水柏枝
Violaceae　堇菜科
Viola biflora L.　双花堇菜

V. kunawareensis Royle　西藏堇菜
Thymelaeaceae　瑞香科
Daphne tangutica Maxim.　甘青瑞香
Stellera chamaejasme L.　狼毒
Elaeagnaceae　胡颓子科
Hippophae neurocarpa S. W. Liu et T. N. He　肋果沙棘
H. thibetana Schlecht.　西藏沙棘
H. rhamnoides Linn. subsp. sinensis Rousi　中国沙棘
Onagraceae　柳叶菜科
Chamaenerion angustifolium（L.）Scop.　柳兰
Circaea alpina L.　高山露珠草
Epilobium palustre L.　沼生柳叶菜
Umbelliferae　伞形科
Carum buriaticum Turcz.　田葛缕子
C. carvi L.　葛缕子
Ligusticum thomsonii C. B. Clarke　长茎川芎
Notopterygium forbesii H. Boiss.　大头羌活
Sanicula chinensis Bunge　变豆菜
Sphallerocarpus gracilis（Bess.）K. – Pol.　迷果芹
Tongoloa elata Wolff　大东俄芹
Ericaceae　杜鹃花科
Rhododendron przewalskii Maxim.　陇蜀杜鹃
Rh. anthopogonoides Maxim.　烈香杜鹃
Rh. thymifolium Maxim.　千里香杜鹃
Rh. capitatum Maxim.　头花杜鹃
Arctouc alpinus（L.）Nied.　北极果
Primulaceae　报春花科
Androsace erecta Maxim.　直立点地梅
A. gmelinii（Gaerzn.）Roem. et Schlut　高山点地梅
A. mariae Kanitz　西藏点地梅
A. yargongensis Petitm.　雅江点地梅
Glaux maritima L.　海乳草
Primula nutans Georgi　天山报春
Pr. tangutica Duthie　唐古特报春
Plumbaginaceae　兰雪科
Plumbagella micrantha（Ledeb.）Spach　刺矶松
Gentianaceae　龙胆科
Comastoma falcatum（Turcz. ex Kar. et Kir.）Toyokuni　镰萼喉毛花

C. pulmonarium（Turcz.）Toyokuni　喉毛花
Gentiana aristata Maxim.　刺芒龙胆
G. burkillii H. Smith　白条纹龙胆
G. grumii Kusnez.　南山龙胆
G. lawrencei Burk. var. farreri（I. B. Balf.）T. N. Ho　线叶龙胆
G. nubigena Edgew.　云雾龙胆
G. pseudoaquatica Kusnez.　假水生龙胆
G. squarrosa Ledeb.　鳞叶龙胆
G. striata Maxim.　条纹龙胆
G. trichotoma Kusnez.　三岐龙胆
Gentianella azurea（Bunge）Holub.　黑边假龙胆
Gentianopsis paludosa（Hook. f.）Ma　湿生扁蕾
Halenia elliptica D. Don　椭圆叶花锚
Lomatogonium rotatum（L.）Fries ex Nym.　辐状肋柱花
Swertia bifolia Batal.　二叶獐牙菜
S. przewalskii Pissjauk.　祁连獐牙菜
S. tetraptera Maxim.　四数獐牙菜
S. wolfangiana Gruning　华北獐牙菜
Polemoniaceae　花荵科
Polemonium coeruleum L. var. chinensis Brand.　花荵
Boraginaceae　紫草科
Asperugo procumbens L.　糙草
Cynoglossum gansuense Y. L. Liu　甘青琉璃草
Lappula redowskii（Hornem.）Greene　卵盘鹤虱
Micorula pseudotrichocarpa W. T. Wang　甘青微孔草
M. sikkinensis（C. B. Clarke）Hemsl.　锡金微紫草
M. trichocarpa（Maxim.）Johnst.　长叶微孔草
Trigonotis petiolaris Maxim.　具柄附地菜
Labiatae　唇形科
Dracocephalum purdomii W. W. Smith　岷山毛建草
Dr. tanguticum Maxim.　唐古特青兰
Elsholtzia densa Benth.　密穗香薷
Galeopsis bifida Boenn.　鼬瓣花
Lamium amplexicaule L.　宝盖草
Nepeta prattii Lévl.　康藏荆芥
Salvia roborowskii Maxim.　粘毛鼠尾草
Scutellaria scordifolia Fisch. ex Schrank　并头黄芩
Stachys sieboldii Miq.　甘露子

Thymus mongolicus Ronn.　百里香
Scrophularicaeae　玄参科
Euphrasia regelli Wettst.　短腺小米草
Lagotis brachystachya Maxim.　短穗兔耳草
L. brevituba Maxim.　短管兔耳草
Lancea tibetica Hook. f. et Thoms.　肉果草
Pedicularis alaschanica Maxim.　阿拉善马先蒿
P. cheilanthifolia Schrenk　碎米蕨叶马先蒿
P. chinensis Maxim.　中国马先蒿
P. kansuensis Maxim.　甘肃马先蒿
P. longiflora Rudolph ssp. tubiformis（Klotz.）Tsoong　斑唇马先蒿
P. oederi Vahl. subsp. oederivar. sinensis（Maxim）Hurus.　华马先蒿
P. przewalskii Maxim.　青海马先蒿
P. rhinanthoides Schrenk *subsp. labellata*（Jacq.）Tsoong　大唇马先蒿
P. rudis Maxim.　粗野马先蒿
P. ternata Maxim.　三叶马先蒿
P. verticillata L.　轮叶马先蒿
Veronica anagallis - aquatica L.　水苦荬
V. biloba L.　二裂婆婆纳
V. ciliata Fisch.　长果婆婆纳
V. rockii Li　光果婆婆纳
Orobanchaceae　列当科
Boschniakia himalaica Hook. f. et Thoms.　丁座草
Plantaginaceae　车前科
Plantago asiatica L.　车前
P. depressa Willd.　平车前
Rubiaceae　茜草科
Galium boreale L.　砧草
G. verum L.　蓬子草
Caprifoliaceae　忍冬科
Lonicera caerulea L. var. edulis Turcz. ex Herd.　兰果忍冬
L. hispida Pall. ex Roem. et Schult.　粗毛忍冬
Triosteum pinnatifidum Maxim.　莛子藨
Valerianaceae　败酱科
Valeriana officinalis L.　缬草
Dipsacaceae　山萝卜科
Morina chinensis（Batal. ex Diels）Pei　摩苓草
Campanulaceae　桔梗科

Adenophora potaninii Korsh.　泡沙参

Compositae　菊科

Ajania khartensis (Dunn) Shih　铺散亚菊

A. salicifolia (Mattf.) Poljak.　柳叶亚菊

A. tenuifolia (Jacq.) Tzvl.　细叶亚菊

Anaphalis lactea Maxim.　乳白香青

Artemisia desertorum Spreng.　沙蒿

A. frigida Willd.　冷蒿

A. gmelinii Web. et Stechm.　细裂叶莲蒿

A. hedinii Ostenf.　臭蒿

A. mattifeldii Pamp. var. etomentosa Hand. - Mazz.　无茸粘毛蒿

A. moorcroftiana Wall. ex DC.　小球花蒿

A. scoparia Waldstein et Kitaibel　猪毛蒿

A. sieversiana Willd.　大籽蒿

Aster flaccidus Bunge　柔软紫菀

Cacalia roborowskii (Maxim.) Ling　蛛毛蟹甲草

Carduus crispus L.　飞廉

Carpesium lipskyi C. Winkl.　高原天名精

Cirsium setosum (Willd.) M. Bieb.　刺儿菜

Cremanthodium ellisii (Hook. f.) Kitamura　车前叶垂头菊

Cr. humile Maxim.　小垂头菊

Crepis flexuosa (Ledeb.) Benth. et Hook. f.　弯茎还羊参

Erigeron acer L.　飞蓬

Heteropappus altaicus (Willd.) Novopokr.　阿尔泰狗哇花

Ixeris chinensis (Thunb.) Nakai　黄瓜菜

Leibnitzia anandria (L.) Nakai　大丁草

Leontopodium leontopodioides (Willd.) Beauv.　火绒草

L. longifolium Ling　长叶火绒草

L. pusillum (Beauv.) Hand. - Mazz.　小火绒草

Ligularia sagitta (Maxim.) Mattf.　箭叶橐吾

L. virgaurea (Maxim.) Mattf.　黄帚橐吾

Olgaea tangutica Iljin.　唐古特鳍菊

Picris hieracioides L. subsp. japonica Krylv.　毛连菜

Saussurea gnaphalodes (Royle) Sch. - Bip.　鼠麴雪兔子

S. katochaete Maxim.　重齿风毛菊

S. medusa Maxim.　水母雪兔子

S. nigrescens Maxim.　瑞苓草

S. parviflora (Poir.) DC.　小花风毛菊

S. superba Anthony　美丽风毛菊
S. sylvatica Maxim.　林生风毛菊
S. tangutica Maxim.　紫苞风毛菊
Senecio thianschanicus Regel et Schmalh　天山千里光
Serratula strangulata Iljin.　蕴苞麻花头
Sinacalia tangutica（Maxim.）B. Nord.　羽裂华蟹甲草
Sonchus arvensis L.　苣荬菜
Soroseris hookeriana（C. B. Clarke）Stebb. ssp. *erysimoides*（Hand. - Mazz.）Stebb.　糖芥绢毛菊
Taraxacum leucanthum（Turcz.）Ledeb.　白花蒲公英
T. mongolicum Hand. - Mazz.　蒙古蒲公英
Xanthopappus subacaulis C. Winkl.　黄冠菊
Youngia tenuifolia（Willd.）Babc. et Stebb.　细叶黄鹌菜
Juncaginaceae　水麦冬科
Triglochin maritimum L.　海韭菜
T. palustre L.　水麦冬
Gramineae　禾本科
Achnatherum inebrians（Hance）Keng　醉马草
A. splendens（Trin.）Nevski　芨芨草
Agropyron cristatum（L.）Gaertn.　冰草
Agrostis hugoniana Rendle　甘青剪股颖
Brachypodium sylvaticum（Huds.）Beauv. var. *breviglume* Keng　小颖短柄草
Bromus tectorum L.　旱雀麦
Calamagrostis pseudophragmites（Hall. f.）Koel.　假苇拂子茅
Catabrosa aquatica（L.）Beauv.　沿沟草
Deschampsia caespitosa（L.）Beauv.　发草
D. koelerioides Regel　穗发草
D. littoralis（Gaud.）Reuter　滨发草
Deyeuxia arundinacea（L.）Beauv.　野青茅
D. flavens Keng　黄花野青茅
D. scabresens（Griseb.）Munro ex Duthie　糙野青茅
Duthiea brachypodium（P. Candargy）Keng et Keng f.　毛蕊草
Elymus nutans Griseb.　垂穗披碱草
E. sibiricus L.　老芒麦
Festuca brachyphylla Schult. et Schult. f.　短叶羊茅
F. coelestis（St. - Yves）V. Krecz. et Bobr.　矮羊茅
F. kirilovii Steud.　毛稃羊茅
Helictotrichon tibeticum（Roshev.）Holub　藏异燕麦

Koeleria cristata (L.) Pers.　洽草
K. litvinowii Dom.　芒洽草
Leymus angustus (Trin.) Pilger　窄颖赖草
L. secalinus (Georgi) Tzvel.　赖草
Melica przewalskyi Roshev.　甘肃臭草
M. scabrosa Trin.　臭草
Oryzopsis munroi Stapf　落芒草
Pennisetum centrasiaticum Tzvel.　白草
Poa alpigena (Franch.) Lindm.　高原早熟禾
P. calliopsis Litv.　小早熟禾
P. crymophila Keng　冷地早熟禾
P. litwinowiana Ovcz.　中亚早熟禾
P. orinosa Keng　山地早熟禾
P. poiphagorum Bor　波伐早熟禾
P. pratensis L.　草地早熟禾
Ptilagrostis dichotoma Keng ex Tzvel.　双叉细柄茅
Roegneria breviglumis Keng　短颖鹅观草
R. nutans (Keng) Keng　垂穗鹅观草
Stipa penicillata Hand. - Mazz.　疏花针茅
S. przewalskyi Roshev.　甘青针茅
Trisetum clarkei (Hook. f.) R. R. Stewart　长穗三毛草
Cyperaceae　莎草科
Carex atrofusca Schkuhr.　黑褐苔草
C. capillaris L.　丝柄苔草
C. hancockiana Maxim.　华北苔草
C. moocroftii Falc. ex Boott　青藏苔草
Kobresia bellardii (All.) Degl.　嵩草
K. capillifolia (Decne.) C. B. Clarke　线叶嵩草
K. humils (C. A. Mey.) Serg.　矮嵩草
K. pygmaea C. B. Clarke　高山嵩草
K. royleana (Nees) Boeck.　喜马拉雅山嵩草
Juncaceae　灯芯草科
Juncus castaneus Smith.　栗花灯芯草
J. thomsonii Buchen.　展苞灯芯草
Liliaceae　百合科
Allium cyaneum Regel　天蓝韭
A. herderianum Regel　金头韭
A. polyrhizum Turcz. ex Regel　碱韭

Asparagns longilorus Franch.　长花天门冬
Fritillaria przewalskii Maxim.　甘肃贝母
Gagea pauciflora Turcz.　小花顶冰花
Iridaceae　鸢尾科
Iris goniocarpa Baker　锐果鸢尾
I. lactea Pall. *var. chinensis* Koidzumi　马蔺
Orchidaceae　兰科
Herminium monorchis（L.）R. Br.　角盘兰
Orchis chusua D. Don　广布红门兰

附录2　区域主要水生生物名录

一、浮游植物名录

(一)蓝藻门　CYANOPHYTA

1　小颤藻　*Oscillatoria tenuis*

2　螺旋藻　*Spirulina* sp.

3　念珠藻　*Nostoc* sp.

4　平裂藻　*Merismopedia* sp.

5　大螺旋藻　*Spirulina maior*

6　鱼腥藻　*Anabaena* sp.

7　席藻　*Phormidium* sp.

(二)甲藻门　PYRROPHYTA

8　飞燕角甲藻　*Ceratium hirundinella*

(三)裸藻门　EUGLENOPHYTA

9　裸藻　*Euglena* sp.

10　囊裸藻　*Trachelomonas* sp.

(四)黄藻门　XANTHOPHYTA

11　黄丝藻　*Hetertrichales* sp.

(五)硅藻门　BACILLARIOPHYTA

12　长等片藻　*Diatoma elongatum*

13　普通等片藻　*Diatoma vulgare*

14　脆杆藻　*Fragilaria* sp.

15　针杆藻　*Synedra* sp.

16　尖针杆藻　*Synedra acus*

17　双头针杆藻　*Synedra amphicephala*

18　直链藻　*Melosira* sp.

19　星杆藻　*Asterionella* sp.

20　羽纹藻　*Pinnularia* sp.

21　舟形藻　*Navicula* sp.

22　双头辐节藻　*Stauroneis anceps*

23　双头舟形藻　*Navicula dicephala*

24　异极藻　*Gomphonema* sp.

25　卵形双菱藻　*Surirella ovata*

26　粗壮双菱藻　*Surirella robusta*

27 螺旋双菱藻 *Surirella spiralis*
28 菱板藻 *Hantzschia* sp.
29 双菱藻 *Surirella* sp.
30 菱形藻 *Nitzschia* sp.
31 桥弯藻 *Cymbella* sp.
32 膨胀桥弯藻 *Cymbella tumida*
33 卵形硅藻 *Cocconeis* sp.
34 布纹藻 *Gyrosigma* sp.
35 弧形蛾媚藻 *Ceratoneis arcus*
36 波缘藻 *Cymatopleura* sp.
37 草鞋形波缘藻 *Cymatopleura solea*
38 双生双楔藻 *Didymosphenia geminata*
39 小环藻 *Cyclotella* sp.
40 双眉藻 *Amphora* sp.
41 长蓖硅藻 *Neidium* sp.

(六)绿藻门 CHLOROPHYTA

42 实球藻 *Pandorina* sp.
43 浮球藻 *Planktosphaeria* sp.
44 衣藻 *Chlamydomonas* sp.
45 小球藻 *Chlorella* sp.
46 丝藻 *Ulothrix* sp.
47 刚毛藻 *Cladophora* sp.
48 水绵 *Spirogyra* sp.
49 转板藻 *Mougeotia* sp.
50 栅藻 *Scenedesmus* sp.
51 双星藻 *Zygnema* sp.
52 新月藻 *Closterium* sp.
53 纤维藻 *Staurastrum* sp.
54 绿球藻 *Chlorococcum* sp.
55 宽带鼓藻 *Pleurotaenium* sp.

二、浮游动物名录

(一)原生动物 PROTOZOA

1 刺胞虫 *Acanthocystis* sp.
2 似铃壳虫 *Tintinnopsis* sp.
3 曲颈虫 *Cyphoderia* sp.
4 表壳虫 *Arcella* sp.
5 钟虫 *Vorticella* sp

6 砂壳虫 *Difflugia* sp.

7 沟钟虫 *Vorticella convallayia*

8 点钟虫 *Vorticella picta*

9 斜口虫 *Enchelys* sp.

10 透明坛状曲颈虫 *Cyphpoderia ampulla vitraea*

11 无棘匣壳虫 *Centrophyxis ecornis*

12 草履虫 *Paramecium* sp.

(二)轮虫 ROTIFERA

13 矩形龟甲轮虫 *Keratella quadrata*

14 螺形龟甲轮虫 *Keratella cochlearis*

15 针簇多肢轮虫 *Polyarthra trigla*

16 月形单趾轮虫 *Monostyla lunaris*

17 长三肢轮虫 *Filinia longiseta*

18 异尾轮虫 *Trichocerca* sp.

19 须足轮虫 *Euchlanis* sp.

20 爱德里亚峡甲轮虫 *Colurella adriatica*

21 鳞状叶轮虫 *Notholca* sp.

22 尖削叶轮虫 *Notholca acuminata*

23 晶囊轮虫 *Asplanchna* sp.

24 前节晶囊轮虫 *Asplanchna priodonta*

25 盘状鞍甲轮虫 *Lepadella patella*

26 轮虫 *Rotifera* sp.

27 椎轮虫 *Notommata* sp.

28 巨头轮虫 *Cephalodella* sp.

29 蒲达臂尾轮虫 *Brachionus buda pestiensis*

30 柱头轮虫 *Eosphora* sp.

(三)枝角类

31 长刺溞 *Daphnia*(Daphnia)*longispina*

32 圆形盘肠溞 *Chydorus sphaericus*

(四)桡足类 COPEPODA

33 近邻剑水蚤 *Cyclops vicinus vicinus*

34 锯缘真剑水蚤 *Eucyclops serrulatus*

35 桡足幼体 *Nauplius*

三、底栖动物名录

(一)软体动物门 MOLLUSCA

1 椎实螺 *Lymnaea stagnalis*

2 旋螺 *Gyraulus* sp.

3　萝卜螺　*Radix* sp.

（二）节肢动物门　ARTHROPODA

4　黑石蝇幼虫　*Capnudae* sp.

5　七角蜉　*Heptagenia* sp.

6　网石蝇幼虫　*Perlodes* sp.

7　短石蝇幼虫　*Brachycentrinae*

8　四节蜉幼虫　*Baetis* sp.

9　扁蜉科幼虫　*Ecdyaridae* sp.

10　二尾蜉　*Siphlonuridae* sp.

11　大蚊科幼虫　*Tipulidae* sp.

12　划蝽　*Corixa* sp.

13　龙虱科幼虫　*Dytiscidae* sp.

14　龙虱科成虫　*Dytiscidae* sp.

15　大蚊幼虫　*Tipala* sp.

16　尖蜉幼虫　*Epeorus* sp.

17　环足摇蚊幼虫　*Cricotopus* sp.

18　细长摇蚊　*Tendipes* sp.

19　花纹前突摇蚊　*Proecladius choreus*

20　暗黑摇蚊　*Tendipes lugybris*

21　溪流摇蚊　*Tendipes riparius*

22　绿色中跗摇蚊　*Tanytarsus viridiventris*

23　灰跗多足摇蚊　*Polypedilum leucopus*

24　隐摇蚊　*Cryptochironomus* sp.

25　穴居摇蚊　*Tendipes bachophilus*

26　拟背摇蚊幼虫　*Tendipes thummi*

27　黄带齿斑摇蚊　*Stictotendipes flavingula*

28　卵圆直突摇蚊幼虫　*Orthocladius grivitetinus*

29　甲壳纲　Crustacea

30　钩虾　*Gammanus* sp.

（三）环节动物门　ANNELIDA

31　带丝蚓　*Lumbriculidae* sp.

32　蛭形蚓　*Branchioldellidac* sp.

（四）扁形动物门　PLATYHELMINTHES

33　涡虫　*Archoophora* sp.

四、鱼类名录

研究河段现场调查鱼类名录

（一）鲑形目 SALMONIFORMES

1 高白鲑 *Coregonus* Peled

（二）鲤形目 CYPRINIFORMES

1 厚唇裸重唇鱼 *Gymnodiptychus pachycheilus* Herzenstein

2 黄河裸裂尻鱼 *Schizopygopsis pylzovi* Kessler

3 花斑裸鲤 *Gymnocypris eckloni eckloni* Herzenstein

4 拟鲇高原鳅 *Triplophysa*（Triplophysa）*siluroides*（Herzenstein）

5 甘肃高原鳅 *Triplophysa*（Triplophysa）*robusta*（Kessler）

6 黄河高原鳅 *Triplophysa*（Triplophysa）*pappenheimi*（Fang）

7 拟硬刺高原鳅 *Triplophysa*（Triplophysa）*pseudoscleroptera*（Zhu et Wu）

8 硬刺高原鳅 *Triplophysa*（Triplophysa）*scleroptera*（Herzenstein）

9 斯氏高原鳅 *Triplophysa*（Triplophysa）*stoliczkae*（Steindachner）

10 东方高原鳅 *Triplophysa*（Triplophysa）*orientalis*（Herzenstein）

历史记载湟水水系鱼类名录

（一）鲑形目 SALMONIFORMES

1 虹鳟 *Oncorhynchus mykiss*（Walbaum）

2 高白鲑 *Coregonus* Peled

3 池沼公鱼 *Hypomesus olidus*（Pallas）

4 大银鱼 *Protosalanx hyalocranius*（Abbott）

（二）鲤形目 CYPRINIFORMES

5 黄河雅罗鱼 *Leuciscus chuanchicus*（Kessler）

6 草鱼 *Ctenopharyngodon idellus*（Cuvier et Valenciennes）

7 鳙 *Aristichthys nobilis*（Richardson）

8 鲢 *Hypophthalmichthys molitris*（Cuvier et Valenciennes）

9 中华鳑鲏 *Rhodeus sinensis* Günther

10 刺鮈 *Acanthogobio guentheri* Herzenstein

11 麦穗鱼 *Pseudorasbora parva*（Temminck et Schlegel）

12 鲤 *Cyprinus carpil Linnaeus*

13 鲫 *Carassius auratus*（Linnaeus）

14 厚唇裸重唇鱼 *Gymnodiptychus pachycheilus* Herzenstein

15 花斑裸鲤 *Gymnocypris eckloni eckloni* Herzenstein

16 黄河裸裂尻鱼 *Schizopygopsis pylzovi* Kessler

17 拟鲇高原鳅 *Triplophysa*（*Triplophysa*）*siluroides*（Herzenstein）

18 拟硬刺高原鳅 *Triplophysa* (*Triplophysa*) *pseudoscleroptera* (Zhu et Wu)
19 硬刺高原鳅 *Triplophysa* (*Triplophysa*) *scleroptera* (Herzenstein)
20 斯氏高原鳅 *Triplophysa* (*Triplophysa*) *stoliczkae* (Steindachner)
21 黄河高原鳅 *Triplophysa* (*Triplophysa*) *pappenheimi* (Fang)
22 甘肃高原鳅 *Triplophysa* (*Triplophysa*) *robusta* (Kessler)
23 东方高原鳅 *Triplophysa* (*Triplophysa*) *orientalis* (Herzenstein)
24 北方花鳅 *Cobitis granoei Rendahl*
25 泥鳅 *Misgurnus anguillicaudatus* (Cantor)

(三)鲈形目 Perciformes

26 普栉虾虎鱼 *Cterogobius giurinus* (Rutter)

五、水生维管束植物名录

1 狸藻 *Utricularia vulgaris* Linn
2 水葫芦苗 *Halerpestes cymbalaris* (Pursh.) Green
3 长叶碱毛茛 *Halerpestes ruthenica* (Jacp.) Ovcz.
4 穿叶眼子菜 *Potamogeton perfoliatus* Linn.
5 蓖齿眼子菜 *Potamogeton pectinatus* Linn.
6 细灯心草 *Juncus heptopotamicus*

附图1　青海省引大济湟调水总干渠工程地理位置示意图

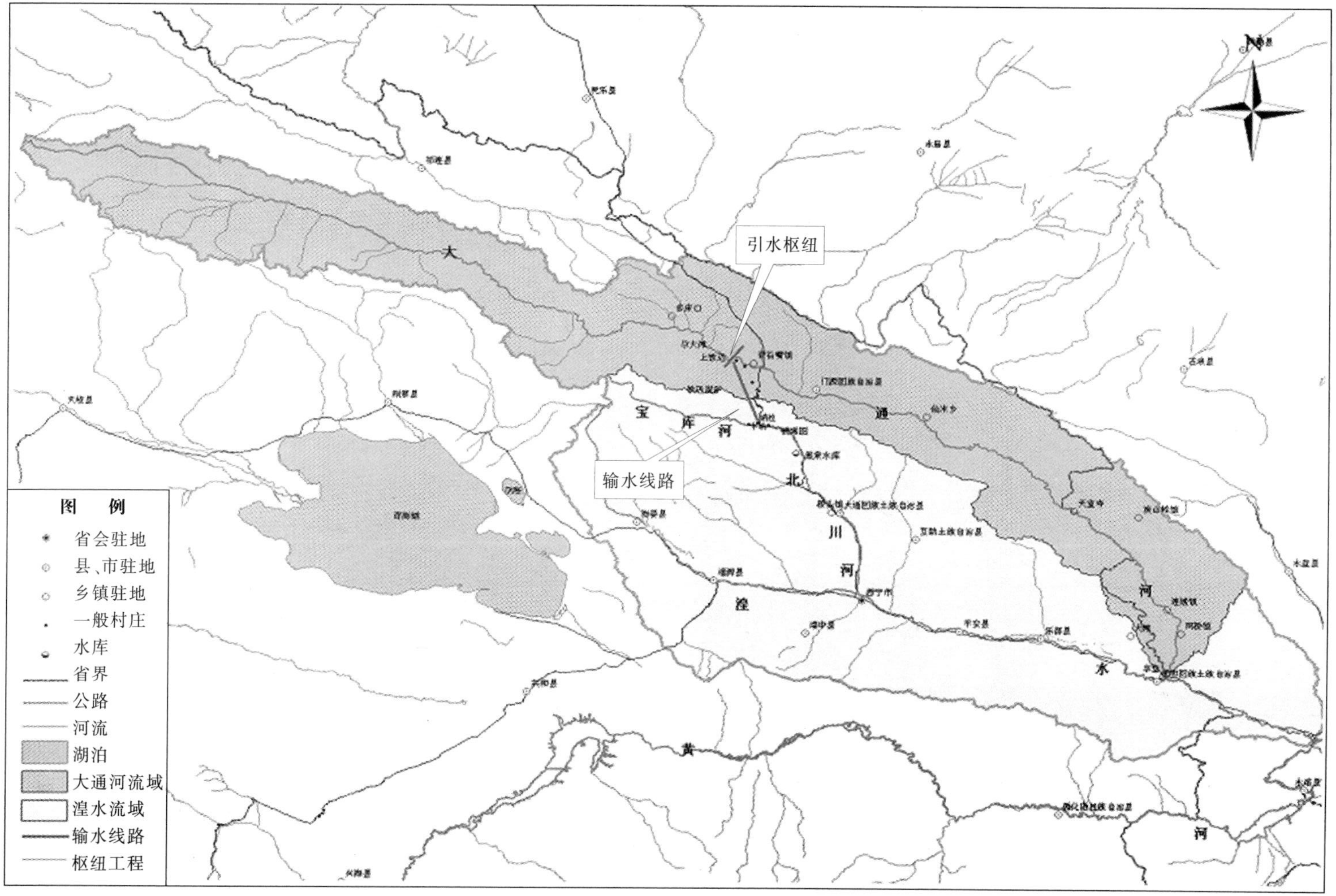

引水枢纽
输水线路
大
通
河
宝
库
河
北
川
河
湟
水
黄
河

图　例
省会驻地
县、市驻地
乡镇驻地
一般村庄
水库
省界
公路
河流
湖泊
大通河流域
湟水流域
输水线路
枢纽工程

附图 2　区域植被类型图

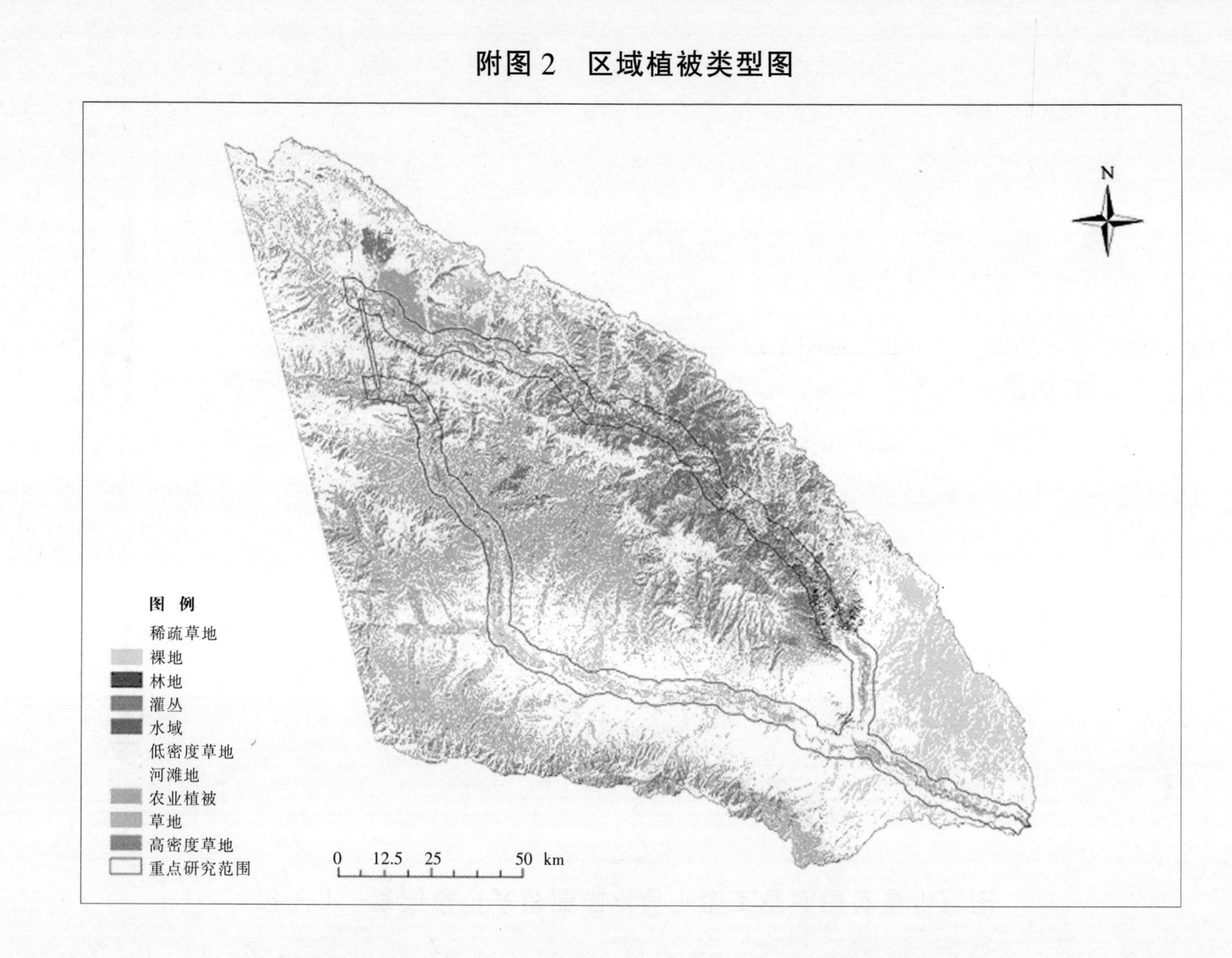
N
图 例
稀疏草地
裸地
林地
灌丛
水域
低密度草地
河滩地
农业植被
草地
高密度草地
重点研究范围
0
12.5
25
50 km

附图3　实景拍摄图

大通河河滩地植被实景

大通河实景

宝库河实景

样方调查1(引水枢纽施工营地附近)

样方调查2(进口施工区料场)

样方调查3(出口施工区附近)

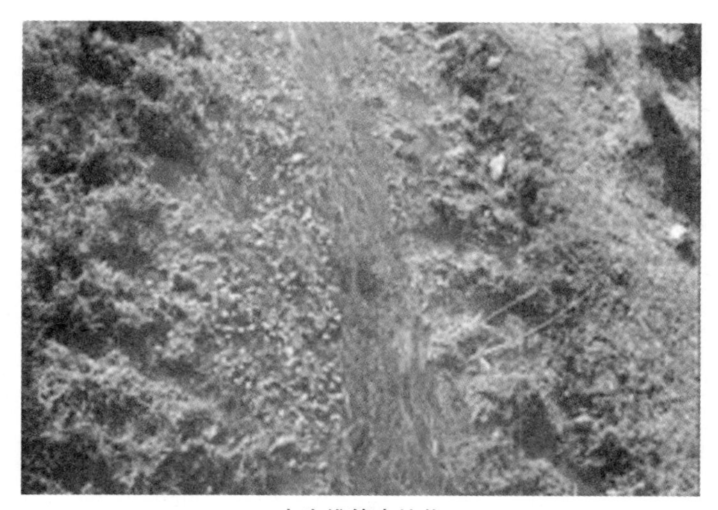

水生维管束植物

鱼类捕捉现场

厚唇裸重唇鱼

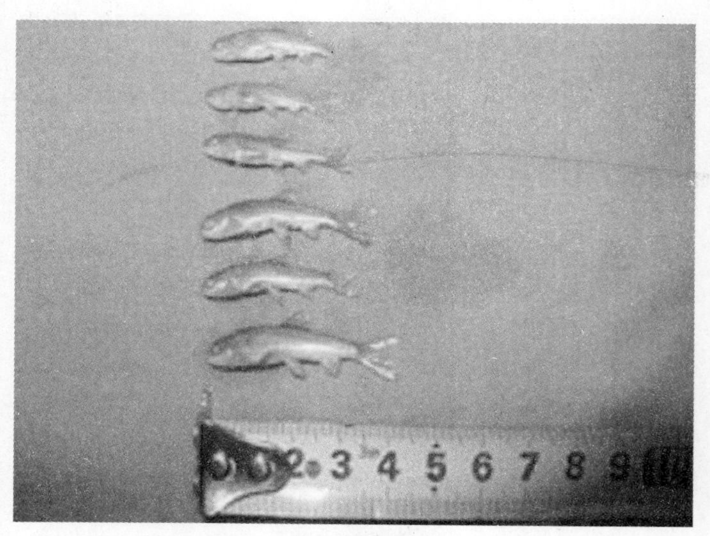

宝库河鱼苗

大通河土著鱼类产卵场

宝库河土著鱼类产卵场